文系のための
東大の先生が教える

素粒子

JN026107

監修
佐々木真人
東京大学准教授

はじめに

　1974年，エチオピアの小さな谷川で約320万年前の女性の化石人骨が発見されました。その発見を祝う宴で流れていたビートルズの曲に因んで"ルーシー"と名づけられました。ルーシーには直立二足歩行の痕跡があり"人類の起源"とされました。

　二足で立ち上がった最初の人としてルーシーを想像してみましょう。獲物や外敵が見渡せるようになって安堵したでしょうか。流れる雲や瞬く星もよく見えるようになって，うっとりしたり，怖れを感じたりしたでしょうか。それとともに，ルーシーや彼女の子孫達には，自然現象に対する「なぜ？」という気持ちが芽生えてきたのではないでしょうか。

　時を経て，人類は怖れや超越した何かではなく合理的に「なぜ？」の答えを探る術を手に入れました。目覚まし時計がなぜ動くのか知るには，分解して組み立て直すことです。生物や金属など具体的な対象を調べる科学は，その対象に影響が及ぶ階層以上に分解はしません。**しかし，素粒子物理は無限の玉ねぎの皮を剥くように，どこまでも「なぜ？」に答えを探していきます。**自然の皮を剥くたびに素粒子物理のフロントは進化します。

　ルーシーが立ち上がってから320万年は，138億年の宇宙の歴史の中でほんの瞬きにすぎません。**その間に人類は，宇宙が誕生して10兆分の1秒から現在までの「存在」と「変化」の起源を解き明かしました。そして，さらに宇宙創成に向かって「なぜ？」を問いかけています。**

　では，その根源的な「なぜ？」に挑む素粒子物理のフロントが，どのように進化してきたか，一緒に見ていきましょう。

監修

東京大学宇宙線研究所准教授

佐々木 真人

目次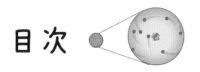

0 時間目 イントロダクション

STEP 1

素粒子って何?

1時間目 あらゆるものは素粒子でできている

STEP 1

素粒子はこうして見つかった

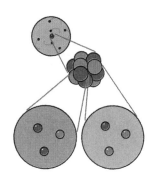

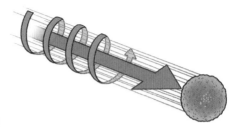

STEP 2
消えた反物質の謎

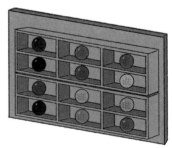

2時間目 あらゆる力は 素粒子が生む

STEP 1

身近な力「電磁気力」と「重力」

STEP 2
ミクロな世界ではたらく「強い力」と「弱い力」

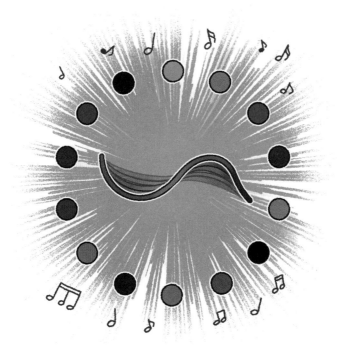

STEP 3
物理学の目標「四つの力の統一」

3時間目 ヒッグス粒子から超対称性粒子へ

STEP 1

万物に質量をあたえるヒッグス粒子

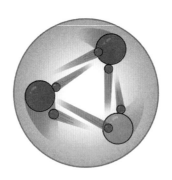

STEP 2
未発見の超対称性粒子

とうじょうじんぶつ

佐々木真人先生
東京大学で素粒子物理学を
研究している先生

理系アレルギーの
文系サラリーマン（27歳）

0

時間目

イントロダクション

STEP 1 素粒子って何？

あらゆる物質は原子から成り立っています。しかしその原子は何でできているんでしょうか？　この宇宙をつくる究極の粒子である素粒子とは何か？　まずはちょっとだけ，のぞいてみましょう。

素粒子は，この宇宙をつくりあげている最小の粒子

大昔から，**科学者たちは，この世界はいったい何でできているのか？**　という謎に取り組んできました。
この本のテーマは，「宇宙を形づくっている究極の根源とは何なのか？　そして，その根源はどのような性質をもつものなのか？」という，**究極の謎**についてです。

めっちゃ壮大なテーマですね。

そうでしょう。
あなたは，この世界がいったい何でできていると思いますか？

うーん……。
そうだ！　中学生のころに，あらゆる物質は原子っていう小さな粒でできていると習った覚えがあります！
だからこの宇宙は，原子でつくられているんだと思います！

おー，さすがですね。

私たちの体から，その辺りに落ちている石にいたるまで，何もかもが原子という微小な粒子でできています。

20世紀に活躍した物理学者，**リチャード・ファインマン**（1918～1988）は，次のような言葉を残しています。「もしも今，大異変がおき，科学的な知識がすべてなくなってしまい，たった一つの文章しか次の時代の生物に伝えられないとしたら，それは"すべての物はアトム（原子）からできている"ということだろう」。

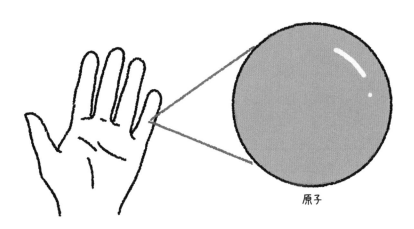

原子

意外とすぐに答えにたどりつきましたね。
じゃあ，この世界は原子でできているわけですね!?

たしかに身のまわりのあらゆる物質は原子でできています。しかし，その原子は何でできているんでしょうか？

え？
原子にまだ先があるんですか？

そうなんです。原子は，実はこの世界の最小の部品ではないんです。
そこで原子をさらにさらに細かく分けていくと，やがてそれ以上分けることのできない粒に行きつくでしょう。
このような，それ以上分割できない粒のことを素粒子といいます。
この素粒子こそ，この宇宙をつくりあげている根源なのです。

そりゅうし……。

では，宇宙のすべてのものは，動いたり壊れたり結合したりして変化していますね。それはなぜでしょうか？

え，それはさすがに素粒子とは関係ないですよね。

いえいえ，「変化」の起源すなわち「力」の起源も素粒子なんです。

まさかあ，そうだったのかぁ。不思議だ。

宇宙のしくみを真に理解するには，素粒子という役者のことを知り，さらに役者たちがどのように影響をおよぼしあっているのかを知る必要があります。
素粒子の素性を知ることこそ，現代物理学の最重要テーマなんです！

 素粒子，すごいですね！

 物理学者たちは素粒子の性質を知ることで，この宇宙のあらゆる現象を説明できる理論の構築に挑んでいるんですよ。
これから，この宇宙の成り立ちにまでせまる素粒子物理学の不思議な世界にご案内しましょう！

 よろしくお願いします！

ポイント！

素粒子
　それ以上分割することのできない，自然界の最小単位と考えられる粒子。そして，宇宙すべての「存在」と「変化」の起源。

あらゆる物質は，原子でできている

 まずは，素粒子の探究の歴史をごく簡単に眺めてみましょう。くわしいお話は1時間目からしますので，気楽に聞いてもらえればと思います。

 はい！

 自然界の根源の探究は紀元前から行われています。
今から約2500年前，ギリシアの哲学者，デモクリトス（紀元前460ごろ～紀元前370ごろ）は，「万物は微小な粒子からできている」ととなえ，その粒子をatom（原子）とよびました。
このような考え方を原子説といいます。

デモクリトス
（前460ころ～前370ころ）

18

そんなに昔から原子の存在がとなえられていたんですね。

 ええ，でも当時はそれに反対する考え方もありました。
たとえば，哲学者の**アリストテレス**（紀元前384〜紀元前322）などは，「**万物は空気・水・土・火の四つでできている**」と考えたんです。
すべての物質はこれら4元素の組み合わせであり，これらの元素は粒子であるとは考えられていませんでした。このような考え方を四元素説といいます。

空気・水・土・火

アリストテレス
（前384〜前322）

 原子説と四元素説ですか。どちらが正しいかわかったのはいつごろなんでしょうか？

原子説と四元素説のどちらが正しいのか，実は2000年以上にわたって議論が繰り広げられました。
原子説が多くの科学者に受け入れられるようになったのは，18世紀後半〜19世紀前半のことです。

2000年以上も決着がつかなかったんですか!?　原子説が受け入れられたのって，かなり最近だったんですね。

そうなんです。原子の存在を考えると，さまざまな化学反応をうまく解釈することができたことから，原子の存在が確かなものとなっていったんです。

中学校の理科の授業でも，化学反応は，原子のボールがくっついたりはなれたりすることでおきるって習いました！

そうです。
そして最終的に原子の存在の証明に大きな役割を果たしたのが，ブラウン運動という現象です。

ぶらうん運動？

ブラウン運動は，1827年にイギリスの植物学者，ロバート・ブラウン（1773〜1858）が発見した現象です。たとえば，チョークの粉などを水に溶かして顕微鏡で観察すると，微粒子が不規則に運動します。
これがブラウン運動です。

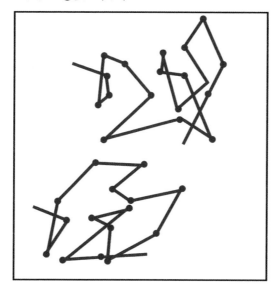

顕微鏡で観察した
ブラウン運動の軌跡

 うーん，こんなよくわからない現象が，原子の存在とどう
関係するのでしょうか。

 ブラウン運動が，原子や分子の存在と結びついたのは，ブ
ラウン運動の発見からおよそ80年後のことです。天才物
理学者の**アルバート・アインシュタイン**（1879〜
1955）が，ブラウン運動について**「不規則に運動するたく
さんの水分子が四方八方から微粒子に衝突して，微粒子
が動く」**と考えたんです。

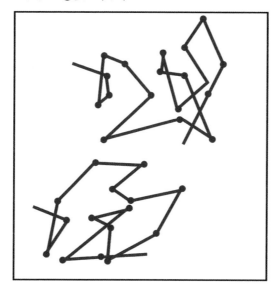

アインシュタインは，その考えに基づいた理論を立て，さらに，フランスの物理化学者，ジャン・ペラン（1870〜1942）が，理論の正しさを実験で証明しました。

アルバート・アインシュタイン
（1879 〜 1955）

 ペランの実験などから，分子や原子の個数などが明らかになり，ついに原子や分子の存在が科学的に広く認められたのです。

 原子の存在が明らかになるまで，とても長い探求の歴史があったんですね。今では当たり前の事実が，つい最近まで科学的に証明されていなかったとはびっくりです。
それで原子って，どれくらいの大きさなんでしょう？

めっちゃ近づいて凝視しても，粒々は見えないんですよね？　ちなみに私の視力は2.0です。

もちろん，どれほど頑張っても肉眼で見ることはできませんよ。平均的な原子の大きさは1000万分の1ミリメートルで，ゼロを並べてあらわすと，**0.0000001ミリメートル**（10^{-10}メートル）ですから。
ものすごい顕微鏡を使ってどうにか見ることができるくらいのサイズです。

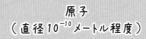

原子
（直径 10^{-10} メートル程度）

ぜんぜん実感わきません！

たとえばゴルフボールを地球の大きさまで拡大したとします。このとき，原子の大きさは，元のゴルフボールの大きさに相当します。

ちっちゃ！
そんなのがたくさん集まって，身のまわりのものができているってことですか？

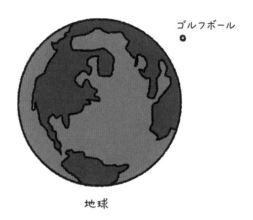

ゴルフボール

地球

原子

ゴルフボール

そうですよ。

日常で目にする物体には，膨大な数の原子が詰まっています。たとえば水という物質は，水素原子2個，酸素原子1個でできた水分子がたくさん集まったものです。

水の中にはどれくらいの数の水分子があるんですか？

 小さじ1杯の水に含まれる水分子の数は，なんと1.7×10^{23}個程度です。
これは17億個の10億倍の，さらに10万倍という数です。

小さじ1杯の
水分子の数

1.7×10^{23}個

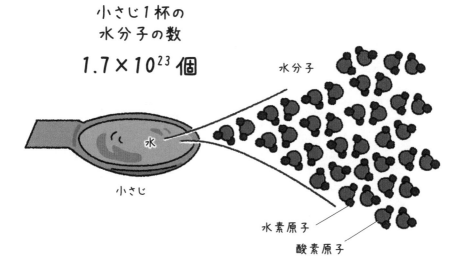

水分子

水

小さじ

水素原子

酸素原子

 **どっひゃー！**
小さじ1杯にそれだけの分子が!?

ええ。太陽系が属する天の川銀河には1000億個程度の恒星が存在します。この一つ一つの恒星に地球のような惑星があって，その惑星に地球と同じ数だけ人間が住んでいると仮定しても，7×10^{20} 人にしかなりません。

小さじ1杯の水に含まれる分子の数は，さらにこの数の200倍程度大きいわけです。

 小さじの上には銀河が乗っている！

原子は，さらに小さな粒子でできていた

 原子ってそんなに小さいのに，一番小さな粒ではないんですか？

 はい，そうなんです。
原子は素粒子ではなかったんです。

 どういうことなんでしょうか？

 原子の内部には，原子核という，さらに小さな粒が存在していました。さらにこの原子核のまわりを，これまた小さな電子がまわっていたのです。**この電子こそ，それ以上分割できない素粒子だと考えられています。**

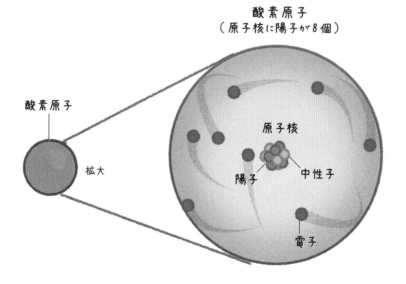

酸素原子
（原子核に陽子が8個）

酸素原子

拡大

原子核

陽子　中性子

電子

電子は素粒子！
じゃあ，原子核はどうなんです？

原子核は，**陽子**と**中性子**という2種類の粒が集まったものです。ですから，原子核は素粒子ではありません。

ということは，その陽子と中性子が素粒子ってことですか！

いいえ，これらも素粒子ではありません。
陽子と中性子は，2種類の**クォーク**という粒が三つ集まったものだったのです。このクォークこそ，素粒子です。

ひゃああ……，やっと目的地に到着した感じだ。
じゃあ，自然界には，2種類のクォークと電子で，合計3種類の素粒子があるってことなんですね？

いえいえ，自然界はもっと複雑で，その後も続々と素粒子が見つかっています。

ポイント！

原子核を構成する陽子と中性子は，
アップクォークとダウンクォークという，
2種類の素粒子でできている。

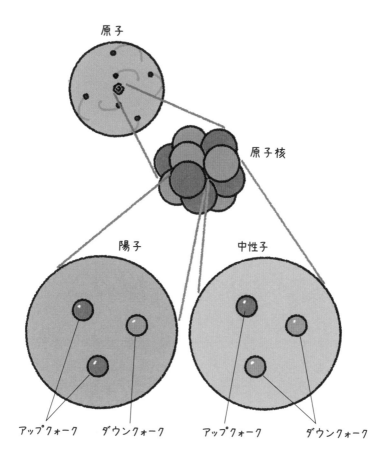

原子

原子核

陽子

中性子

アップクォーク　ダウンクォーク　　アップクォーク　　ダウンクォーク

素粒子の大きさはゼロ？

先生，素粒子って原子よりもうんと小さいんですよね？
どれくらいの大きさなんですか？

では，原子や素粒子の世界のスケールについてお話ししましょう。
まず，原子は**約 10^{-10} メートル**で，1000万個の原子を横に並べて，ようやく1ミリメートルになります。

ふむふむ。
その中に原子核や，電子があるわけですね？

そうです。原子の中心に**原子核**があり，原子核の周囲を素粒子である**電子**がまわっています。電子は最も身近な素粒子で，電線や家電製品の中の電流とは，電子の集団の流れのことをいいます。

原子核って，さらに複数の粒子でできているんでしたよね？

はい，原子核は複数の**陽子**と**中性子**という粒子が集まってできています。原子核の大きさ（直径）は，原子の種類にもよりますが，最も小さい水素原子核（＝陽子そのもの）で，原子の10万分の1ほどです（10^{-15} メートル程度）。

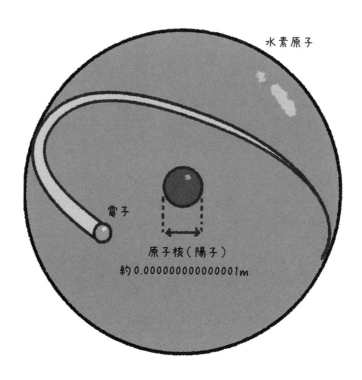

水素原子

電子

原子核(陽子)
約0.000000000000001m

ちっちゃ！

さらに陽子や中性子はクォークという素粒子でできています。電子やクォークは，実験的には，最大でも**陽子の1万分の1程度**だということがわかっています（10^{-19}メートル程度未満）。

これは1ミリメートルの1兆分の1の，さらに1万分の1未満です。ただしこれよりも，ずっと小さいかもしれません。

もう，全然どれくらいのサイズなのかイメージできません！

では，原子を地球サイズまで拡大してみましょう。
そうすると，原子核や素粒子はどれくらいのサイズになると思いますか？

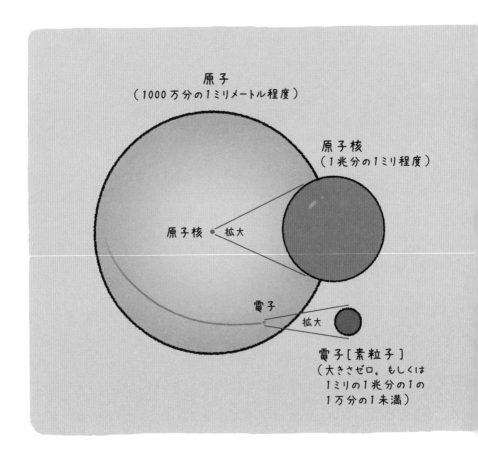

原子
（1000万分の1ミリメートル程度）

原子核
（1兆分の1ミリ程度）

原子核　拡大

電子
拡大

電子［素粒子］
（大きさゼロ，もしくは
1ミリの1兆分の1の
1万分の1未満）

うーん，ぜんぜん見当もつきませんが，原子が地球サイズなら……，原子核はオーストラリアくらいだと思います！それで素粒子は北海道くらい？

それよりもずーっと小さいんですよ。原子を地球サイズまで拡大すると，原子核は**野球場**くらいの大きさになります。そして電子やクォークなどの素粒子は，最大でも**野球のボール**くらいの大きさです。

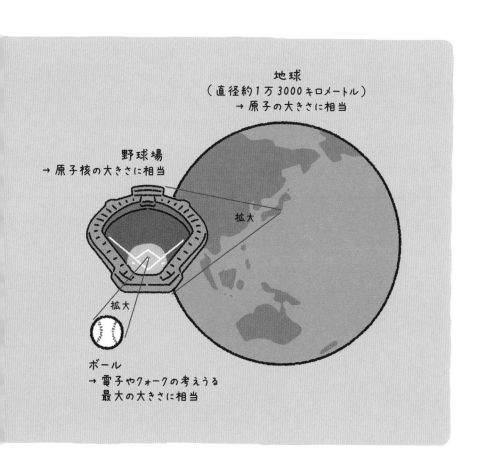

地球
（直径約1万3000キロメートル）
→原子の大きさに相当

野球場
→原子核の大きさに相当

拡大

拡大

ボール
→電子やクォークの考えうる
　最大の大きさに相当

ひぇぇぇ～！

 なお，素粒子物理学では，理論上，素粒子は大きさゼロとしてあつかいます。
つまり数学上の点とみなしているわけです。

 大きさゼロ!?

 はい。ただ，電子やクォークといった，現在，素粒子と考えられている粒子たちが，本当に大きさがゼロなのか，本当にこれ以上分割できないのか，つまり「本当の意味での素粒子かどうか」は，実験で確かめられているわけではありません。電子やクォークが本当に素粒子なのかを追究していくことは，素粒子物理学の研究の目的の一つだといえます。

ポイント！

素粒子物理学では，素粒子を大きさ
ゼロの点とみなしている。

素粒子を解明する巨大実験施設

素粒子ってめちゃくちゃ小さいから，ものすごい顕微鏡を使わないと見えないんでしょうね。

いえいえ，現在の高性能の顕微鏡を使っても，見えるのはせいぜい原子サイズまでです。素粒子なんてとてもじゃないけど，見えませんよ。

顕微鏡でも見えないのに，素粒子の研究や実験っていったいどうやってやるんですか？

素粒子の研究では，加速器という実験装置が頻繁に使われます。なかでも，スイスのジュネーブにあるLHCという巨大な加速器は，さまざまな素粒子の謎をあばいてきました。

えるえいちしー？

LHCは，Large Hadron Collider（大型ハドロン衝突型加速器）の頭文字です。JR山手線（東京都）の長さに匹敵する，1周27キロメートルもの環状の施設で，地下約100メートルの場所にあります。
建設などにかかった総コストは，外部からの寄付も含めると約9000億円にものぼります。

山手線の1周と同じ!?
でかすぎ！

35

LHCを運営するのは，CERN（ヨーロッパ合同原子核研究機構）で，CERNの実験施設を利用している研究者は，常駐していない人まで含めると，世界中で1万人以上にのぼるといいます。

 そんな大規模な施設で，何をしているんですか？

レマン湖

それこそ宇宙を形づくっている究極の根源，すなわち素粒子がどのような性質をもつものなのか？　という**究極の謎**への挑戦です。

LHCの前の2000年までは，同じトンネルで電子・陽電子を衝突させる加速器**LEP**が，これから説明する素粒子の標準とされる理論の正しさを高精度で証明したんです。LHCはその後、もっと高いエネルギーを研究するためにつくられました。

ジュネーブ国際空港

LEP・LHC（1周27km）

今，CERNで稼働しているLHCではどんな実験が行われているんですか？

先ほどもお話しした通り，LHCは**加速器**とよばれる実験施設です。

加速器？
何かを加速させる装置ですか？

そうです。
加速器は，内部が真空になったパイプが本体です。その中を陽子などの電気（電荷）を帯びた粒子が猛スピードで進行します。粒子は電気的な力によって，光速（秒速30万キロメートル）近くまで加速されます。
そして加速された粒子どうしを**正面衝突**させるなどして，その際におきる現象を調べるのが，加速器実験の目的です。

粒子を衝突させる？
それで何がわかるんでしょうか？

ものすごく加速した粒子どうしを衝突させると不思議なことがおきるんです。
なんと衝突によって，衝突前には存在しなかった粒子が新たに大量につくられるんです。

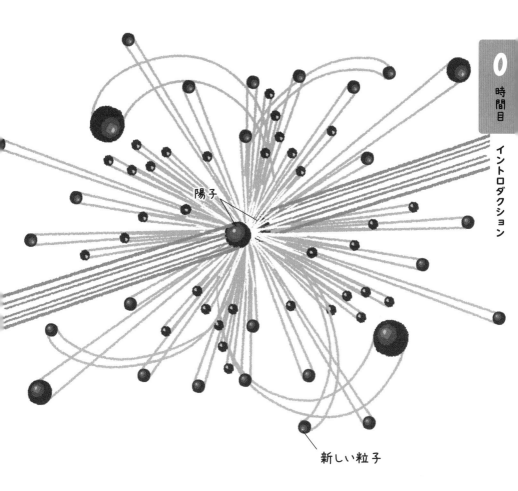

陽子

新しい粒子

 粒子が衝突でこわれてばらばらになるってことですね？

 いいえ，衝突させた粒子がこわれて，その破片が飛び散るわけではありません。
衝突前には影も形もなかった粒子が，大量に発生するのです。ちょうど自動車が高速で衝突すると，電車やバイクが出てくるようなものです。

そんなバカな！
なぜそんなことがおきるんですか？

不思議で信じがたい話かもしれませんが，加速器実験で加速させた粒子どうしの衝突時のエネルギーが，反応前には存在しなかった粒子に"化ける"のです。これはアインシュタインの相対性理論に出てくる $E = mc^2$ の式からも説明できます。

げぇー，数式ですか……。

それほどむずかしくありませんよ。
$E=mc^2$ の，E はエネルギー，m は質量，c は光速（一定の値）を意味します。この式は**「エネルギーと物質の質量は，同等である」**という意味なんです。いいかえれば，「エネルギーは，物質の質量に転換できる」ということです。

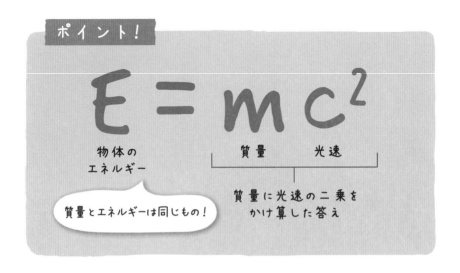

は，はぁ。エネルギーから質量が生まれることがあるってことですか？

はい，その通りです。加速器を使って，高速の陽子を衝突させると，衝突のエネルギーが質量，すなわち新たな物質に変身するんです。$E=mc^2$ の式から，加速器の衝突エネルギー（E）が増えるほど，より質量（m）の大きい粒子を生みだせることになります。

だから加速器で粒子を衝突させると，その衝突のエネルギーから新たな粒子が生まれるってことでしょうか？

ええ，そうです。
ですから，加速器とは，いわば粒子をつくりだす施設なのです。実際，素粒子物理学の歴史をひも解いてみると，加速器実験によって，数々の新しい粒子が"つくられて"きました。**素粒子物理学の歴史は，加速器なくしては語れないのです。**

発見されている素粒子は17種類

 素粒子って，全部で何種類くらいあるんですか？

 くわしいことは1時間目からお話ししますが，これまでに発見されている素粒子を簡単に見ておきましょう。

まず，身近な物質は，さまざまな原子でできています。現在見つかっている原子の種類（元素）は118あります。

これを並べたのが元素の周期表です。

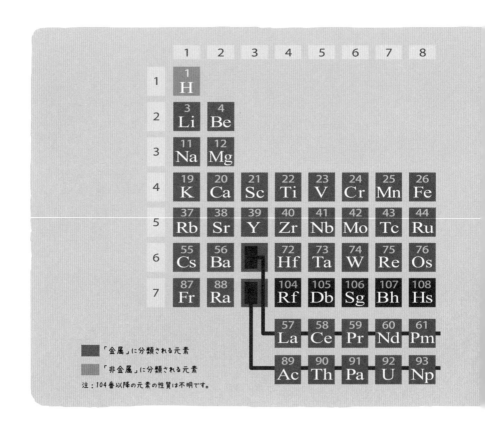

「金属」に分類される元素

「非金属」に分類される元素

注：104番以降の元素の性質は不明です。

118 も……。
じゃあ，これらの原子をつくる素粒子はものすごい種類が
あるんでしょうね。
1000種類くらいでしょうか？

いいえ，そんなに多くありませんよ。
そもそも，すべての原子はたった３種類の素粒子ででき
ているんです。

たった３種類!?

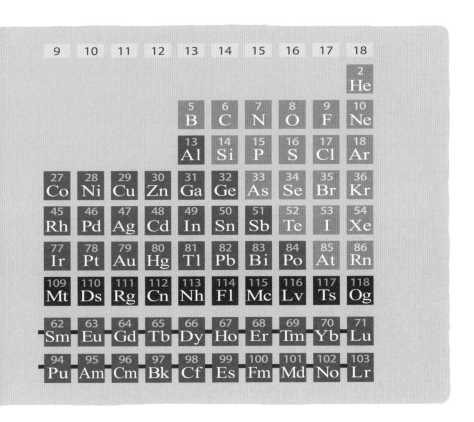

電子，アップクォーク，ダウンクォークです。
私たち人間を含めた生物も，石やテレビといった無生物も，
すべてこのたった3種類の素粒子からできているのです。

 たったの3種類の素粒子で118種類の元素ができているっ
てことですか？

 そうです。118種類の原子は，原子核を構成する陽子や中
性子，電子の数がちがうだけなんですよ。

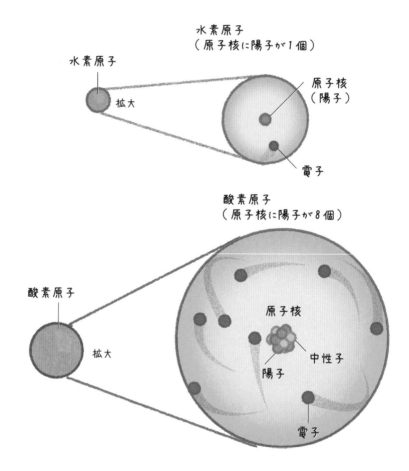

水素原子
（原子核に陽子が1個）

水素原子

拡大

原子核
（陽子）

電子

酸素原子
（原子核に陽子が8個）

酸素原子

拡大

原子核

中性子

陽子

電子

じゃあ素粒子って，その3種類だけってことですか？

 いえいえ，話がこれで終われば簡単なのですが，物理学者たちは，このほかにもたくさん素粒子の仲間がいることを明らかにしてきました。
そして，現在では17種類の素粒子の存在が確認されています。

物質を構成する素粒子の仲間

力を伝える
素粒子の仲間

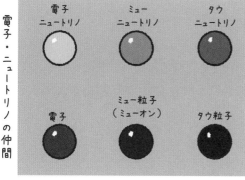

万物に質量を
あたえる素粒子

これらの素粒子は三つのグループに大きく分けられます。**物質を形づくる素粒子の仲間，力を伝える素粒子の仲間，そして万物に質量をあたえる素粒子の**3グループです。

 それぞれどんなグループなんですか？

 まず，**物質を形づくる素粒子の仲間**は，クォークや電子などが属するグループです。全部で12種類あります。ただし，電子，アップクォーク，ダウンクォーク以外は，身近な物質をつくっている素粒子ではありません。宇宙空間を飛んでいる高いエネルギー状態の粒子である**宇宙線**などに含まれています。また，加速器実験でつくりだすこともできます。

この物質を形づくる素粒子については，1時間目でくわしくお話ししましょう。

 ふむふむ。

 物質をつくる素粒子の仲間たちは，いわば自然界の"**役者**"です。でも役者たちがバラバラに存在しているだけでは，自然界という劇は成立しません。

役者たちがたがいに影響をおよぼしあうことで，劇は進行していくのです。

ここでいう影響とは素粒子間にはたらく**力**のことです。

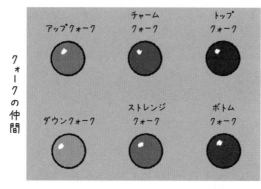

物質を形づくる素粒子の仲間

クォークの仲間

アップクォーク　チャームクォーク　トップクォーク

ダウンクォーク　ストレンジクォーク　ボトムクォーク

電子・ニュートリノの仲間

電子ニュートリノ　ミューニュートリノ　タウニュートリノ

電子　ミュー粒子（ミューオン）　タウ粒子

力ですか。

ええ。

実はこういった力は，物質をつくる素粒子の仲間とは別の素粒子たちの存在によって，成り立っているんです。
そのような力を生みだすのが力を伝える素粒子の仲間です。これについては，2時間目でお話ししましょう。

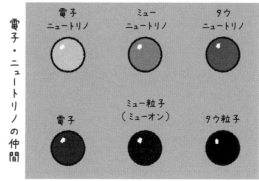

力を伝える素粒子の仲間

光子 　W粒子 　Z粒子 　グルーオン

 うぅーむ。
なかなかややこしそう……。

 そして最後の万物に質量をあたえる素粒子というのは，2012年に発見された**ヒッグス粒子**という素粒子のことを指します。
これについては3時間目でくわしくお話ししますね。
では，これから，宇宙をつくる根源にせまる素粒子物理学の世界をご案内しましょう。

万物に質量をあたえる素粒子

ヒッグス粒子

ポイント！

発見されている素粒子は17種類。
大きく三つのグループに分けられる。

・物質を形づくる素粒子の仲間
・力を伝える素粒子の仲間
・万物に質量をあたえる素粒子

1

時間目

あらゆるものは
素粒子でできている

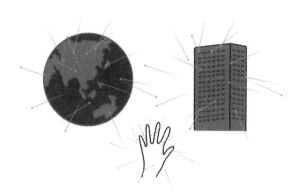

STEP 1 素粒子はこうして見つかった

自然界の最小単位である「素粒子」。それは原子よりもはるかに小さな粒子です。素粒子がどうやって発見されていったのか，その歴史を振り返ってみましょう。

原子よりもうんと小さな粒子を発見

ここからは，素粒子の発見の歴史を追いながら，**物質を形づくっている素粒子の仲間**について，見ていきましょう。

お願いします！

素粒子って顕微鏡で見えないくらい小さいのに，いったいいつ，どうやって見つかったんでしょうか？

あらゆる物質が**原子**でできていることは，19世紀末までには知られていました。しかしこの原子が，さらに分割できるのかどうかについてはよくわかっていませんでした。まずは原子の構造がどのようにあばかれていったのか，見ていきましょう。

原子ってめちゃくちゃ小さいのに，それよりも小さな構造なんて，わかりようがない気がします。

物理学者たちは，**放電現象**に注目することで，原子の中に，はじめて素粒子を発見することに成功したんですよ。

ほうでんげんしょう？

放電現象というのは，わずかな量の気体が入ったガラス管などに高い電圧をかけると，電流が流れる現象のことです。身近なものでいえば，蛍光灯や雷の発光が放電現象です。

放電現象からどうやって素粒子が見つかったんでしょうか？

ガラス管の中で放電しているときには，ガラス管の陽極（＋）側が光を放ちます。このことから，**陰極（－）から陽極に向かって，何らかのエネルギーの流れが発生している，と考えられました。**ガラス管の中に蛍光板を入れることで，エネルギーの流れを見ることもできました。

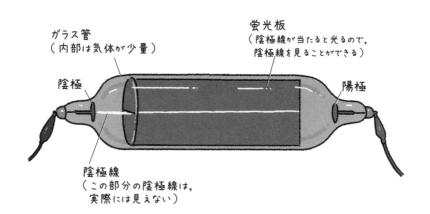

ガラス管
（内部は気体が少量）

蛍光板
（陰極線が当たると光るので，
陰極線を見ることができる）

陰極

陽極

陰極線
（この部分の陰極線は，
実際には見えない）

このエネルギーの流れを**陰極線**といいます。
ただし，陰極線の実体については，当時はよくわかっていませんでした。

は，はぁ。それがなぜ素粒子の発見につながるのか，見当もつきません。

この陰極線には，ある重要な性質がありました。ガラス管の外から**磁石**を近づけたり，**電圧**をかけたりすると，陰極線が曲がったんです。

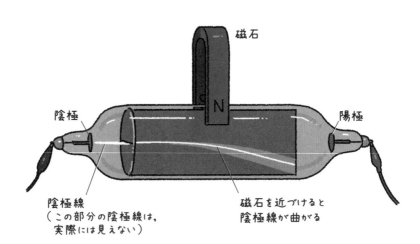

陰極線が曲がることが重要なんですか？

そうなんです。なぜなら，それは，陰極線が電気を帯びていることを意味しているからです。さらに，陰極線の曲がる方向や曲がり具合を調べれば，その電気の正負や帯びている電気の量を知ることもできます。

ふむふむ。

この陰極線の曲がり方をくわしく調べたのが，イギリスの物理学者，ジョゼフ・ジョン・トムソン（1856〜1940）です。そしてトムソンは，1897年，陰極線の正体が，負の電気を帯びた粒子であることを突き止めました。これが電子だったのです。

ジョゼフ・ジョン・トムソン
（1856 〜 1940）

陰極線の曲がり方からは，電子の質量についての情報を得ることもできました。

ここから，電子は原子よりも圧倒的に軽い粒子であることも判明しました。こうして，ついに原子よりも小さな粒子の存在が明らかになったわけです。

そして現在では，電子はそれ以上分割することができない**素粒子**だと考えられています。

おーすごい！

このようにトムソンによって，歴史上はじめて，電子という素粒子が発見されたわけなんですよ。

その後も，さまざまな実験によって電子の性質があばかれていきました。

たとえば，金属の表面に光を当てると電子が放出される**光電効果**や，放電現象以外にも，高温の物体から電子が放出される**熱電子放出**などです。

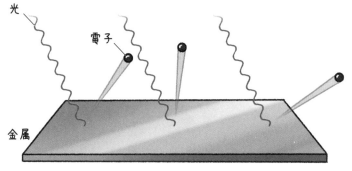

光

電子

金属

光電効果
金属の表面に光を当てると，電子が飛びでてくる場合があります。電子が光のエネルギーを吸収し，いきおいよく飛びだしてくるのです。これが光電効果で，そのメカニズムの理論的な解明は，アルバート・アインシュタインによってなされました。

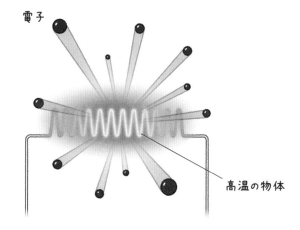

電子

高温の物体

熱電子放出
金属に電流を流すなどして高温にすると，そこから電子が飛びだしてくることがあります。このようにして発生した電子を「熱電子」とよびます。昔のテレビのブラウン管では，熱電子をさらに加速させて，蛍光物質に当て，発光させることで映像を見せていました。

熱くなったり，光が当たったりすると，電子が物質から飛びだしてくるんですか？

その通りです。
物質の種類にかかわらず，光や熱などの何らかのエネルギーがあたえられると電子は飛びだしてくるわけです。これらの現象から，電子はあらゆる原子を構成している要素の一つであることが明らかになっていきました。

原子を構成している部品は電子だけではありません。
電子が発見されたのちには，**原子核**の存在も明らかにされました。

原子核の方が，電子よりもあとに見つかったんですね。

そうです。
原子の中に見つかった電子は，**負（マイナス）の電気**を帯びていました。
ですが原子は普通，**電気的に中性**です。
つまり，原子の中には，電子のマイナスの電気を打ち消す，プラスの電気をもった何かがあるはずだと考えられたのです。

ふむ。

たとえば，電子を発見したトムソンは，プラスの電気をもったかたまりの中に，電子が埋めこまれた，ぶどうぱんのような原子のモデルを提案しました。
しかし，プラスの電気をもった何かがどこにあるのかは，よくわかっていませんでした。

この謎はどうやって解決されたんでしょうか？

ブドウパン型の原子模型

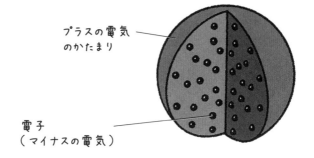

プラスの電気
のかたまり

電子
（マイナスの電気）

この謎の解明につながったのは，イギリスの物理学者，**ア ーネスト・ラザフォード**（1871〜1937）の助手たち が行った実験です。彼らは，金箔に**アルファ線**という放 射線を当てる実験を行ったのです。

アーネスト・ラザフォード
（1871〜1937）

あるふぁ線？

 当時，アルファ線の実体は明らかになっていませんでしたが，電子よりもはるかに重い，**正の電気をもつ粒子**であることがわかっていました。
ちなみに現在では，アルファ線の正体がヘリウム原子核であることがわかっています。

 正の電気をもつ粒子を金箔にむかって当てたわけですね。何がおきるんですか？

 実験の結果，多くのアルファ線が金箔を貫通しました。**ですが，意外なことに一部のアルファ線は進行方向が大きく変えられたのです。**中にはほぼ正反対の方向にはじき返されたものもありました。
ラザフォードは，「ティッシュに打ちこんだ弾丸がはね返ってきた」と，そのおどろきを表現したといいます。

 そういわれても，何におどろいてよいのか，よくわかりません。

 もしトムソンが提案したモデルのように，プラスの電気が原子全体にまんべんなく雲のように広がっているとしたら，アルファ線はあまり進路が変わらないはずなんです。

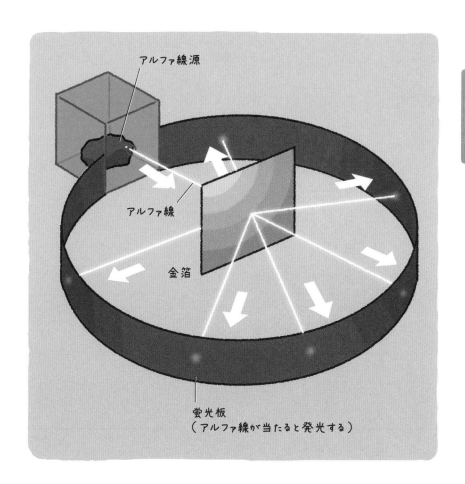

アルファ線源

アルファ線

金箔

蛍光板
（アルファ線が当たると発光する）

なぜなら，原子全体に広がるプラスの電気と，点在する電子のマイナスの電気が打ち消し合うので，プラスの電気をもつアルファ線は**電気的な力**をあまり受けずに，金箔を貫通するはずだからです。

それなのに，たまにアルファ線が金箔にはね返されたと……。この結果は何を意味しているんでしょうか？

この結果はちょうど，目の粗い鉄格子にむかって小さなボールを投げるのに似ていますね。

 といいますと？

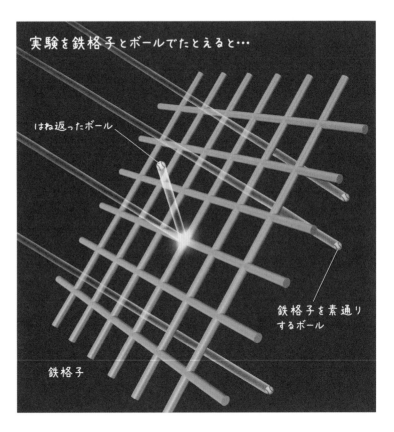

実験を鉄格子とボールでたとえると…

はね返ったボール

鉄格子を素通りするボール

鉄格子

 目が粗い鉄格子に向かってボールを投げると，ほとんどは鉄格子の間を通り抜けてしまうでしょう。
しかし中には，鉄格子にぶつかってはね返ってしまうボールもあるはずです。

たしかにアルファ線の実験の結果によく似ていますね。はね返されたアルファ線も同じように，金箔の中にある何か小さくて，かたい部分にぶつかったってことなんでしょうか？

まさにその通りです!!

この実験結果は，「**原子の中心には，プラスの電気を帯びた小さくて重い粒子があり，そこに当たった場合にだけ，アルファ線は大きく進行方向を変えられる。それ以外の場合は，"スカスカ"な原子を素通りする**」と考えるとつじつまが合います。

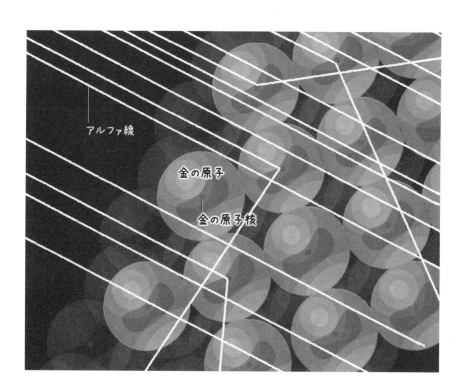

アルファ線

金の原子

金の原子核

そういうことか！

 この実験から考察して，ラザフォードは1911年に，「原子の中心には，正の電気をもつ重い粒子が存在し，その周囲を軽い電子が回っている」ということを明らかにしたのです。この重い粒子こそ原子核だったのです。

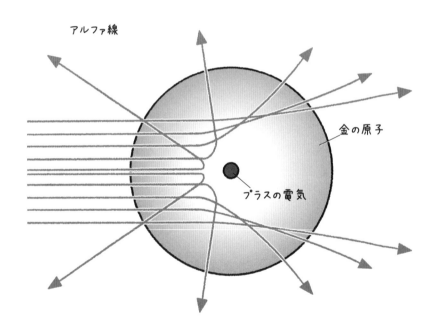

アルファ線

金の原子

プラスの電気

原子核は，2種類の粒子でできていた

科学者たちによって，ついに原子の姿が明らかにされたわけですね。

そうです。
ただし，小さな世界の探究はまだ終わりではありませんよ。
0時間目でお話ししたように電子は素粒子だと考えられていますが，原子核はそれ以上分割できない素粒子ではありませんでした。

原子核の構造はどのようにして明らかになったんでしょうか？　たしか，2種類の粒子でできていたんですよね。

ええ。
原子核は正の電気をもっていますから，単純に考えると，「原子核とは，正の電気を帯びた粒子，つまり陽子が複数集まったもの」ということになりそうです。
でも，この考え方では，説明できない事実がありました。

どんな事実ですか？

たとえばヘリウムの原子核は，水素の原子核の2倍の電気を帯びています。
しかしヘリウムの原子核は，水素の原子核の4倍もの重さがあったんです。

電気は2倍なのに，重さが4倍……。

ヘリウムと水素の重さくらべ

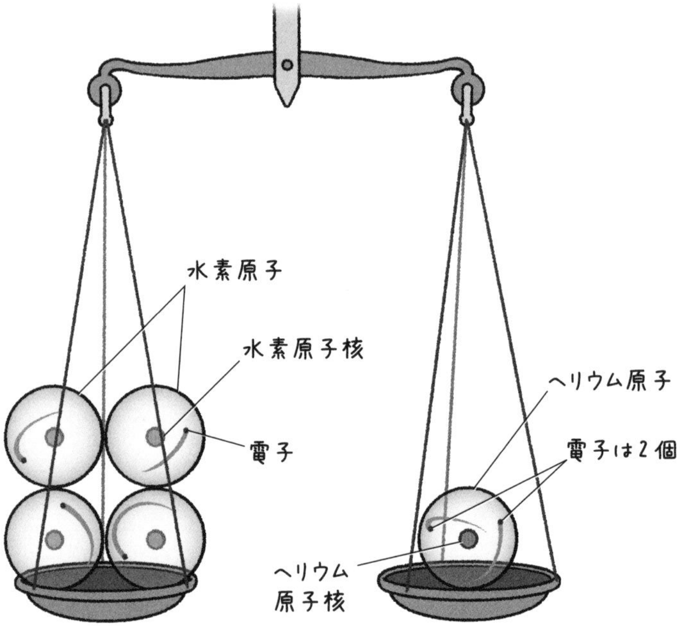

水素原子

水素原子核

電子

ヘリウム原子

電子は2個

ヘリウム
原子核

水素原子4個とヘリウム原子1個の重さは，おおよそ同じ
→ ヘリウム原子核は，水素原子核（陽子）の「4倍」の重さのはず
→ 一方でヘリウム原子は，負の電気を帯びた電子を2個もつ。つまり，
　ヘリウム原子核は，水素原子核（陽子）の「2倍」の電気を帯び
　ているはず

水素の原子核が**1個の陽子**でできていると仮定します。このとき「ヘリウムの原子核＝陽子2個」と考えると，電気の量（電荷）を説明できます。しかし，それでは重さも2倍にならないとおかしくなります。

逆に，「ヘリウムの原子核＝陽子4個」と考えると，重さの説明はつきますが，今度は電気の量が説明できなくなるんです。

ぐぬぬぬ。たしかに。

この謎に挑戦したのが，ラザフォードの教え子だったイギリスの**ジェームズ・チャドウィック**（1891〜1974）です。彼は1932年，ある実験に注目しました。その実験とは，金属にアルファ線を打ちこむというものです。アルファ線をベリリウムなどの金属に打ちこむと，未知の粒子（放射線）が発生したんです。

ほう。
ラザフォードたちと似たような実験を行ったんですね。

チャドウィックは，このとき発生する粒子の正体は，金属の中の原子核がアルファ線とぶつかって飛びでてきた"**原子核の破片**"であると考えました。

さらにこの粒子が**電気的に中性な粒子**であることや，重さが陽子とほぼ同じであることを明らかにしました。

そして，最終的にこの粒子は**中性子**と名づけられることになりました。

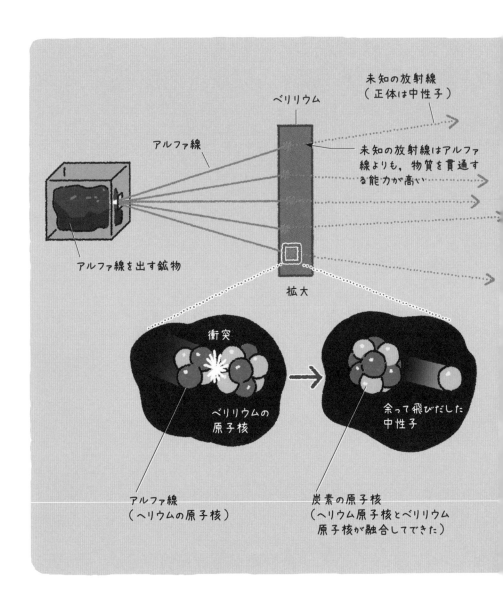

未知の放射線
（正体は中性子）

ベリリウム

アルファ線

未知の放射線はアルファ
線よりも，物質を貫通す
る能力が高い

アルファ線を出す鉱物

拡大

衝突

ベリリウムの
原子核

余って飛びだした
中性子

アルファ線
（ヘリウムの原子核）

炭素の原子核
（ヘリウム原子核とベリリウム
原子核が融合してできた）

 ちゅうせいし！

この中性子こそ原子核のもう一つの構成要素だったわけです。つまり，原子核は，プラスの電気を帯びた陽子と，電気を帯びていない中性子という，2種類の粒子からできていたのです。

先ほどの例でいえば，**ヘリウム原子核は2個の陽子**と，電気的に中性の**2個の中性子**からなるので，水素原子にくらべて重さが4倍，電気の量が2倍ということも，これでうまく説明できることになります。

こうして，現在，中学校や高校で習う原子の姿が明らかにされたのです。

原子

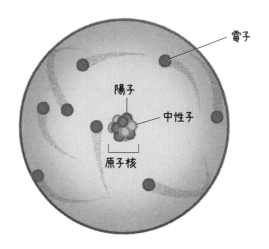

電子

陽子

中性子

原子核

陽子と中性子は，素粒子が集まってできていた

原子核は陽子と中性子が集まってできていることがわかりました。しかし陽子や中性子は，実際にはそれ以上分割できない素粒子ではありませんでした。

えー，まだ先があるんですか？　キリがないですね。
陽子や中性子ってめちゃくちゃ小さいのに，そこにもっと小さな構造があることなんて，どうやってわかるんでしょうか？

陽子や中性子が素粒子ではなさそうだということは，宇宙線の観測，または加速器での実験によって明らかになっていきました。
1950年前後から，陽子でも中性子でも電子でもない，奇妙な粒子がたくさん見つかってきたんです。

うちゅうせん？
宇宙人が乗っていたんですか？

いえいえ，宇宙船ではありません。

宇宙線とは宇宙由来の放射線のことで，その正体は主に高速で飛来してきた陽子です。

さらに宇宙線が，地球の大気中の窒素や酸素などの原子核と衝突すると，さまざまな粒子からなる2次宇宙線が大量に生じます。

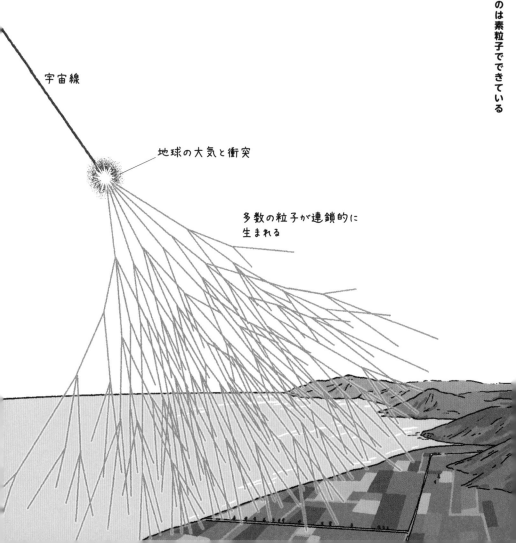

宇宙線

地球の大気と衝突

多数の粒子が連鎖的に生まれる

そうした宇宙線や，加速器の実験で，新しい粒子がたくさん発見されたと……。

そうなんです。
2次宇宙線の中からは，重さなどの性質が，陽子・中性子・電子のいずれともことなっている粒子がいくつか見つかりました。そのため，「これらのすべてが素粒子というわけではないだろう」と考えられるようになっていきました。

ふむ。

そして1964年，**マレー・ゲルマン博士**（1929～2019。1969年にノーベル物理学賞を受賞）と**ジョージ・ツバイク博士**（1937～　）が，**陽子や中性子，そしてこの二つに似た粒子たちは，より小さな素粒子が集まってできている**という説を提唱したんです。
そしてゲルマン博士はこれらの素粒子を**クォーク**と命名しました。

クォーク？
日本語ではどういう意味なんですか？

ゲルマン博士は，ある小説に出てくる**鳥の鳴き声**から命名したようですよ。
この小説では，鳥が**クォーク**と3回鳴く記述がありました。ゲルマン博士らは3種類のクォークが存在することを予言していたため，これにちなんだそうです。

鳥の鳴き声!?

ずいぶんユーモアのある命名ですね。

そうですね。
ですからクォークは日本語に翻訳しようがないわけです。

そっか。
それでクォークは実際に見つかったんでしょうか?

はい。
1960年代, 陽子や中性子に, 高速の電子をぶつけるという, ラザフォードらが原子核を発見した方法と似た実験によって, 陽子の中に小さな粒, つまりクォークが存在することがわかりました。
仮説であったクォークが, こうして裏づけられることになったのです。

おー, やっとクォークにたどりついたんですね。

ええ。たとえば, 陽子や中性子は2種類のクォークでできていることが明らかになっています。

陽子はアップクォーク二つとダウンクォーク一つ，中性子はアップクォーク一つとダウンクォーク二つが集まってできているんです。

 そういえば，ゲルマン博士たちは3種類のクォークを予言したんですよね？
アップクォークとダウンクォークと残りのもう一つは？

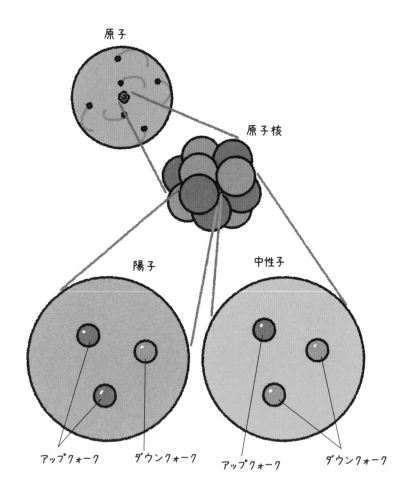

原子

原子核

陽子

中性子

アップクォーク　　ダウンクォーク

アップクォーク　　ダウンクォーク

それは，**ストレンジクォーク**です。ストレンジクォークは，原子をつくる素粒子ではありませんが，宇宙線の中に見つかります。

じゃあ，クォークは3種類なんですね。

いいえ，ちがうんです。
当初クォークは3種類存在すると考えられていましたが，1973年に**小林誠博士**（1944～　）と**益川敏英博士**（1940～2021）がさらに3種類，**合計6種類のクォーク**が存在することを理論的に予言したんです。
なぜ，6種類の素粒子を予言したのかは，1時間目のSTEP2でお話ししましょう。

6種類も!?

実際に6種類のクォークは見つかったんですか？

ええ，見つかったんです。
とくに**1974年11月**におこなわれた実験によって，四つ目のクォーク，**チャームクォーク**が発見されたことは，現在の素粒子物理学の確立につながる極めて重要な発見でした。この発見は，**11月革命**とよばれています。

革命!?

この実験は，二つのグループによって行われました。

アメリカ，ブルックヘブン国立研究所（BNL）の**サミュエル・ティン博士**（1936～　）が率いるグループと，スタンフォード大学線形加速器センター（SLAC）の**バートン・リヒター博士**（1931～2018）が率いるグループです。

 どんな実験だったんでしょうか？

 リヒター博士らのグループは，大型加速器を使って，**電子**と**反電子**を衝突させる実験を行いました。

一方，ティン博士らのグループは，同じく加速器を使って，**陽子**を別の原子核にぶつける実験を行っていました。

両者の実験はことなるものでしたが，ほぼ同じ時期に，**J/ψ中間子**という，チャームクォークを含んだ粒子をそれぞれ発見したんです。

これによって，チャームクォークの存在が確かめられました。

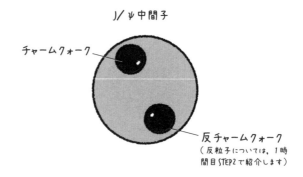

J/ψ中間子

チャームクォーク

反チャームクォーク
（反粒子については，1時間目STEP2で紹介します）

 チャームクォークは当時，理論的には存在が予言されていましたが，未発見の粒子でした。

チャームクォークが見つかることが，なぜそれほど大事だったんですか？

チャームクォークが実際に見つかったことにより，クォークの仲間と，このあとに説明する電子の仲間を，きれいに対応づけて整理することができるようになったんです。
それまでクォークの理論は半信半疑な面がありましたが，クォーク理論から予言されるチャームクォークが実際に発見され，クオークが正真正銘の素粒子であること，そして，さらにクオーク理論が予言するさらなる未発見のクォークがまだ潜んでいることを予見することができるようになったのです。この後，電子の仲間であるレプトンとよばれる素粒子の種類とクオークの種類とで構成される素粒子の標準理論が確立していきます。

素粒子物理学にとって，とても重要だったんですね。

そうなんです。
さらに彼らの発見は，高いエネルギーで加速器の実験を行うと，新しい素粒子が発見できる可能性を示すものでもありました。
この11月革命によって，巨大加速器で新しい素粒子を探求するという方向性が確立したといえます。

すごいな。

11月革命の後には，残りのクォークを含め，さまざまな素粒子が加速器の実験から見つかりました。

11 月革命後に加速器実験で発見された素粒子

1975 年　タウ粒子の発見
1977 年　ボトムクォークの発見
1979 年　グルーオンの発見
1983 年　W 粒子，Z 粒子の発見
1994 年　トップクォークの発見
2012 年　ヒッグス粒子の発見

 クォーク以外の素粒子の発見については，またのちほどお話ししますから，ここで覚える必要はありません。

 クォークは，予言通りに6種類すべてが見つかったんですか？

 ええ。1977年にアメリカのフェルミ加速器研究所の加速器で，**ボトムクォーク**が発見されました。
そして1994年に同じくフェルミ加速器研究所で，六つ目のクォーク，**トップクォーク**の存在が確認されたのです。

 小林博士，益川博士の予言通りだったわけか。

ええ。ですから，現在わかっているクォークの数は6種類です。

クォークは6種類！

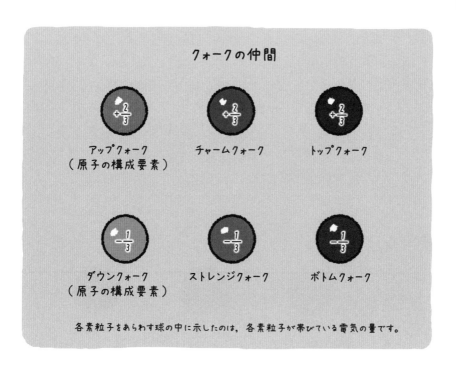

クォークの仲間

アップクォーク
（原子の構成要素）

チャームクォーク

トップクォーク

ダウンクォーク
（原子の構成要素）

ストレンジクォーク

ボトムクォーク

各素粒子をあらわす球の中に示したのは，各素粒子が帯びている電気の量です。

クォークの仲間とは少し性質のちがう素粒子も発見されました。たとえば電子とよく似た**ミュー粒子（ミューオン）**と**タウ粒子**です。

 それらの素粒子は，どうやって発見されたんですか？

 1937年に，宇宙線の観測によって電子の約210倍の重さ（質量）の**ミュー粒子**が，そして11月革命後の1975年に，加速器実験によって電子の約3500倍の重さの**タウ粒子**が発見されました。これらは，電子と似た性質をもつ**電子の仲間**です。

電子
（原子の構成要素）

ミュー粒子
（ミューオン）

タウ粒子

 ミュー粒子とタウ粒子か……。
電子の仲間には，ほかにもあるんですか？

はい。**ニュートリノ**という素粒子があります。
ニュートリノは，電気を帯びておらず（電気的に中性），
電子よりも圧倒的に軽い素粒子です。

電子ニュートリノ　　　ミューニュートリノ　　　タウニュートリノ

ニュートリノって聞いたことがあります。
ニュートリノはどうやって見つかったんでしょうか？

ニュートリノは，**ベータ崩壊**という現象を説明するため，
スイスの物理学者，**ヴォルフガング・パウリ**（1900
〜 1958）が 1930 年に存在を予言した素粒子です。

ヴォルフガング・パウリ
（1900 〜1958）

ただし，パウリが「ニュートリノ」という名前をつけたわけではありません。

 # べーた崩壊？

 ベータ崩壊というのは，放射性物質がベータ線という放射線を出す現象です。

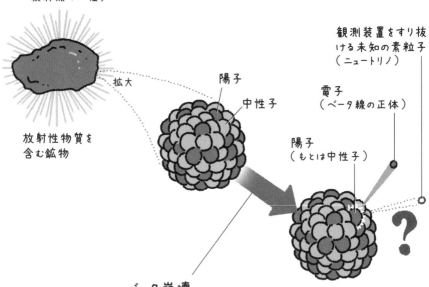

ベータ線
（線で表現。
放射線の一種）

拡大

放射性物質を
含む鉱物

陽子

中性子

観測装置をすり抜ける未知の素粒子
（ニュートリノ）

電子
（ベータ線の正体）

陽子
（もとは中性子）

ベータ崩壊
原子核を構成している中性子の一つが陽子に「変身」し，それにともなって高速の電子（ベータ線の正体）が放出される現象です。

福島第一原子力発電所の事故のニュースなどで**セシウム137**などの原子の名前を聞いたことがありませんか？
これらは放射性物質であり，原子核の中の中性子が陽子へと自然に変身し，そのときに高速の電子を放出する性質があります。この高速の電子を**ベータ線**といいます。
そしてこのベータ線が放射される現象を**ベータ崩壊**というんです。

ふぅむ。
でもその高速の電子が放射されることとニュートリノに，どんな関係があるんですか？

パウリが予言した当時，ベータ崩壊の前後で**エネルギー保存則**が成り立っていないように見えることが大問題となっていました。

エネルギー保存則？

簡単にいうと，エネルギー保存則とは，化学反応であろうが，核反応であろうが**「反応の前後でエネルギーの総量は増減しない」**というものです。
物理学の最も重要な法則の一つといえます。

ベータ崩壊では，反応前後のエネルギーの量が変わってしまったんですか？

そうです。ベータ崩壊では，反応後のエネルギーの総量が少なく見えたんです。

どうして!?
エネルギー保存則は必ずしも成り立たないわけなんでしょうか？

このときパウリは，ベータ崩壊の際に，観測装置をすり抜ける粒子が，電子と同時に放出されていると考えました。
つまりこの粒子が，エネルギーを"もち逃げしている"だけで，エネルギー保存則は成り立っているというわけです。
この粒子がニュートリノです。

観測装置をすり抜ける!?
それって見つけることができないってことじゃないですか？　まるで幽霊みたいですね。

そうですね。パウリ自身も，ニュートリノを観測すること
は不可能だと考えていました。しかし1950年代，原子炉
で発生するニュートリノが実際に発見され，パウリの予言
が裏づけられることとなったのです。

観測装置をすり抜けるのに，いったいどうやってニュート
リノを発見したんでしょうか？

**ニュートリノは基本的に物質をすり抜けますが，ごくま
れに陽子や中性子と衝突することがあります。**
そこで，原子炉の近くに大量の水を用意して，水の中の陽
子や中性子とニュートリが衝突したときに発生する光をと
らえることで，ニュートリノの存在が明らかにされたので
す。

幽霊の痕跡を捕まえた！ってわけですね。

ええ。
その後，ニュートリノには3種類あることがわかりました。
これらのニュートリノを含めた電子の仲間は**レプトン**と
よばれ，現在では6種類存在することがわかっています。

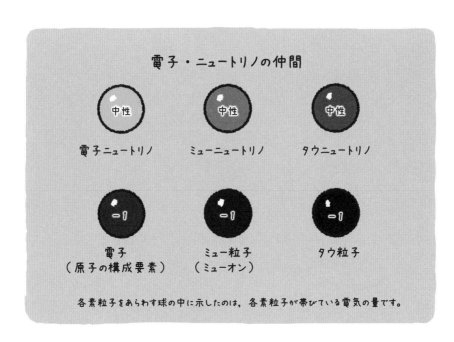

電子・ニュートリノの仲間

電子ニュートリノ　ミューニュートリノ　タウニュートリノ

電子
（原子の構成要素）　ミュー粒子
（ミューオン）　タウ粒子

各素粒子をあらわす球の中に示したのは，各素粒子が帯びている電気の量です。

あらゆるものをすり抜ける幽霊粒子

 もう少しニュートリノについて，説明しておきましょう。
実はニュートリノは，あなたのすぐそばにも大量に存在
しているんですよ。

 え!? じゃあ，つねにたくさんのニュートリノが私に
ぶつかっているってことですか？
そんなの感じたことないけどなぁ。

それはそうでしょう。

ニュートリノは基本的に地球やビル，そして人体など何でもすり抜け，何の影響もおよぼしません。ですから，気づくのは不可能なんです。

なお，ごくごくまれに物質と衝突をおこすこともありますから，観測することは可能です。

何でもすり抜けるニュートリノ

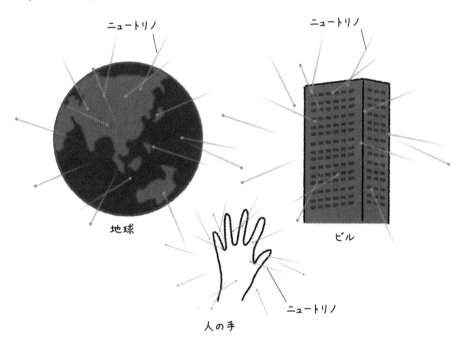

ニュートリノ

ニュートリノ

地球

ビル

ニュートリノ

人の手

じゃあ，今この瞬間も私の体をたくさんのニュートリノがすり抜けているんですね！

私のまわりに存在しているっていうニュートリノはどこからやってきているんでしょうか？

たとえば太陽はニュートリノを大量に放出していて，地球上では，1秒間に1平方センチメートルの面積あたり660億個もの太陽から来たニュートリノが通り抜けています。

そんなにたくさんのニュートリノが!?

それから，ニュートリノは宇宙誕生のビッグバンのときにも発生したと考えられています。その数は1秒，1平方センチメートルあたり10兆個程度にものぼるといいます。
ただし，ビッグバン起源のニュートリノの直接検出は，まだできていません。

ともかく，ものすごい量のニュートリノが私の体を貫通しているんですね。でも，どうしてニュートリノは物質にぶつからずにすり抜けることができるんですか？

まず大前提として，物質はすべて**原子**からできており，原子は**電子**と**クォーク**からできています。電子とクォークは素粒子であり，原子や原子核とくらべて極端に小さいです。だから原子は，ある意味**スカスカ**だといえます。

0時間目に原子にくらべて，原子核や電子はものすごく小さいっていうお話がありましたね。

ええ。
ただし，**電気的な引力・反発力**は，はなれていてもはたらきます。ですから，電子のような電気を帯びた粒子が原子をすり抜けようとしても，原子核などから電気的な引力・反発力を受けるので，すぐに進行方向を変えられてエネルギーを奪われ，最終的に止まってしまいます。
つまり，電気を帯びた粒子は物質と"ぶつかる"わけです。

正の電気を帯びた粒子

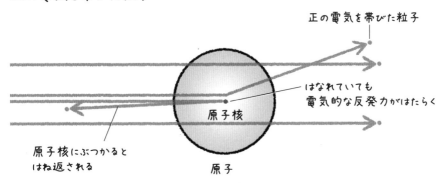

の図のラベル：正の電気を帯びた粒子／はなれていても電気的な反発力がはたらく／原子核にぶつかるとはね返される／原子核／原子

なるほど。
電子は電気的な力を受けるから，物質をすり抜けることができないんですね。じゃあ，ニュートリノは？

ニュートリノは電気を帯びていないので，電気的な引力・反発力は受けません。 しかも，ニュートリノは素粒子なので大きさがものすごく小さく，その結果，原子の中の電子やクォークと“衝突”することがきわめてまれなのです※。だから私たちの体はもちろん，地球すら容易にすり抜けてしまうというわけなんです。

ニュートリノ

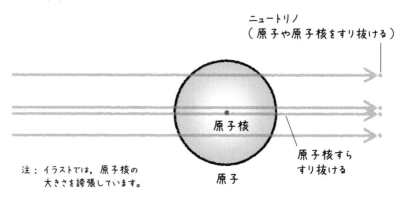

ニュートリノ
（原子や原子核をすり抜ける）

原子核

原子核すら
すり抜ける

原子

注：イラストでは，原子核の
　　大きさを誇張しています。

※：もう少し正確にいうと，ニュートリノは，クォークどうしを結びつけている力（強い
　　力）の影響も受けません。「弱い力」という，素粒子レベルのミクロな世界でしかあ
　　らわれない力によってのみ，ほかの素粒子と相互作用します。弱い力は，電気的な
　　力（電磁気力）とちがって素粒子どうしがごくごく近く（10^{-18}メートル程度。陽子
　　の大きさの1000分の1程度）まで接近しないと影響がおよびません。そのため，ほ
　　とんどの場合，ニュートリノは何の力も受けずに，原子をすり抜けてしまうのです。

あらゆるものは素粒子でできている

消えた反物質の謎

素粒子にはペアになる「反粒子」が存在します。粒子と反粒子が出会うと，ものすごいエネルギーが放たれるといいます。この宇宙に残された反粒子の謎について考えていきましょう。

普通の素粒子とは電気が逆の「反粒子」

ここまで私たちのまわりにある普通の物質を形づくっている素粒子の仲間たちを紹介してきました。
これらのすべての素粒子たちには，実はペアとなる素粒子，反粒子が存在します。
ここからのテーマはこの反粒子です。

はんりゅうし？
どういうものなんですか？

反粒子とは，元の粒子と質量が完全に同じで，帯びている電気の正負が反対の粒子のことです。
ですが，私たちのまわりにはほとんど存在しません。

は，はぁ。
なんかよくわからない存在ですね。

反粒子は，1928年，イギリスの理論物理学者，**ポール・ディラック**（1902～1984）によって予言されました。ディラックは「量子力学」と「特殊相対理論」を合わせた理論をつくりあげ，この理論に基づいて，電子の反粒子である**反電子（陽電子）**の存在を予言したんです。

はんでんし？

普通の電子が帯びている電気の量を**ー1**とすると，反電子が帯びている電気の量は**＋1**です。しかし，質量や寿命などの性質は，電子とまったく同じです。

そんなもの本当に存在するんですか？

 はい。反電子は，1932年に実際に発見されています。
反粒子の発見については，またのちほどくわしくお話し
しましょう。

 へーっ，実際に見つかっているんだ。
反粒子が存在するのは，電子だけではないんですよね？

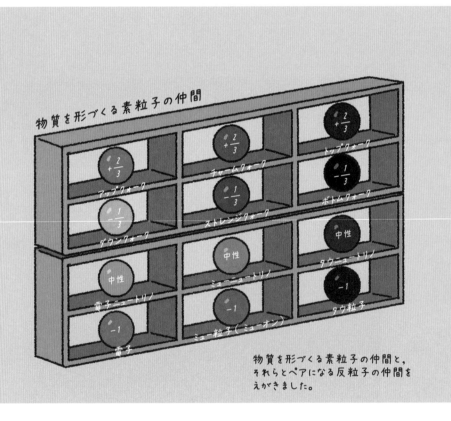

物質を形づくる素粒子の仲間と，
それらとペアになる反粒子の仲間を
えがきました。

そうです。あらゆる素粒子にはペアとなる反粒子が存在します。ですから，理論的には，反粒子だけを使って反水や反塩，反砂糖だってつくることができるはずです。実際，巨大加速器LHCを有するCERNでは，反水素原子などの人工合成に成功しています。

どっひゃー！

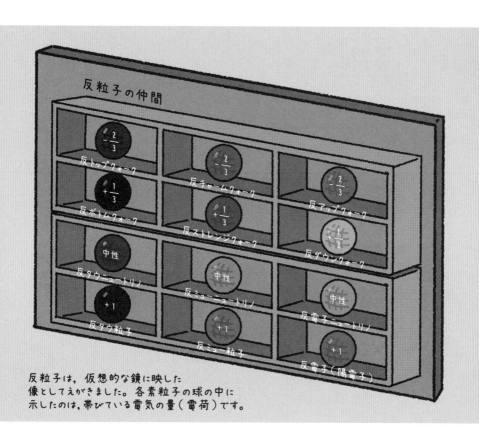

反粒子の仲間

反トップクォーク $-\frac{2}{3}$

反チャームクォーク $-\frac{2}{3}$

反アップクォーク $-\frac{2}{3}$

反ボトムクォーク $+\frac{1}{3}$

反ストレンジクォーク $+\frac{1}{3}$

反ダウンクォーク $+\frac{1}{3}$

反タウニュートリノ 中性

反ミューニュートリノ 中性

反電子ニュートリノ 中性

反タウ粒子 $+1$

反ミュー粒子 $+1$

反電子（陽電子） $+1$

反粒子は，仮想的な鏡に映した像としてえがきました。各素粒子の球の中に示したのは，帯びている電気の量（電荷）です。

粒子と反粒子が出会ってあとかたもなく消滅する「対消滅」

私たちのまわりの物質はすべて**普通の素粒子**でできているんですよね？
なぜ反粒子でできた物質はないんですか？

それは，反粒子は，非常に不思議な現象を引きおこすからです。それが**対消滅**という現象です。
電子と反電子のように，ペア（対）の関係にある素粒子と反粒子は，ぶつかると双方とも消滅してしまい，そのかわり膨大なエネルギーが光エネルギーなどの形で放出されるんです。

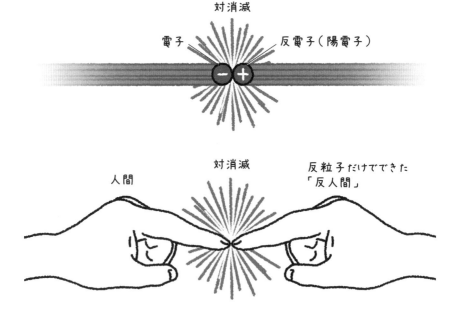

対消滅

電子　　　　　　　　　反電子（陽電子）

対消滅

人間　　　　　　　　　反粒子だけでできた「反人間」

普通の粒子と反粒子が出会うと，両方ともこわれてしまうってことですか？

こわれるのとはちょっとちがいます。
電子と反電子は素粒子なので，それ以上，分割できません。つまり内部に構造をもたないわけですから，電子や反電子が粉々にくだけるといった現象ではないんです。まさに文字通り，**あとかたもなく消え去る**のです。

ひょえー！

対消滅がおきると**莫大なエネルギー**が放出されます。ですから，反粒子や，そこからつくられた反物質は，さまざまなSF作品に登場します。たとえば，数百光年の宇宙旅行を可能にする**究極のエネルギー源**としてや，微量でも都市を消滅させるほどの大爆発を引きおこす**危険物質**としてえがかれています。

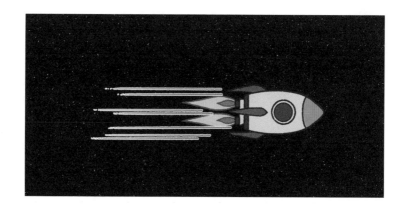

おっそろしいですね。

なぜ，それほど莫大なエネルギーが生まれるんでしょうか？

対消滅は，アインシュタインがみちびいた有名な式，$E = mc^2$ を体現する反応です。
この式，覚えていますか？

えーっと，よく覚えていませんが，質量とエネルギーについての式だったような……。

そうです。
式の E はエネルギー，m は質量，c は光速（定数）をあらわしています。
物理学者たちは，この式を**「質量（m）は，エネルギー（E）に変えることができる」**というふうに解釈します。
つまりですね，対消滅がおきるとこの式に基づいて，粒子と反粒子の質量がすべてエネルギーに変わるのです。そしてあとには何も残りません。

ひょえー。

対消滅によって放出されるエネルギーってどれくらいなんでしょうか？

では，対消滅によって得られるエネルギーとそのほかの反応で得られるエネルギーをくらべてみましょう。まず，火力発電で利用されている化石燃料の燃焼反応によって得られるエネルギーを1とします。燃焼反応では，原子をつなぎかえる反応によってエネルギーを得ています。

火力発電

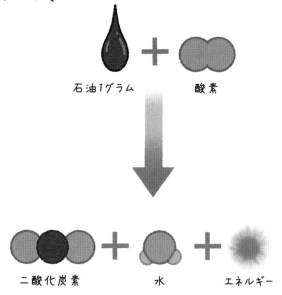

石油1グラム ＋ 酸素

二酸化炭素 ＋ 水 ＋ エネルギー

そういえば，火力発電よりも原子力発電の方が効率がいいって聞いたことがありますよ！

その通りです。
原子力発電では，原子核が分裂して，別の元素の原子核に変わる反応を利用しています。この反応を核分裂反応といいます。

原子力発電で用いられるウラン235の核分裂反応の前後では，約0.1％の質量が減少し，その分がエネルギーとして放出されます。

1
時間目

あらゆるものは素粒子でできている

ウラン235の核分裂反応

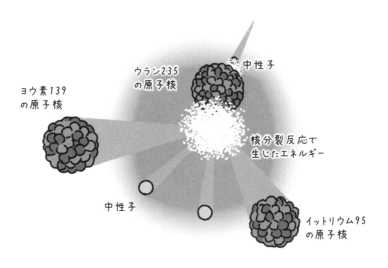

ヨウ素139
の原子核

ウラン235
の原子核

中性子

核分裂反応で
生じたエネルギー

中性子

イットリウム95
の原子核

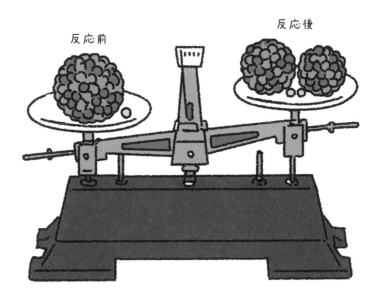

反応前

反応後

核分裂反応で放出されるエネルギーは，燃焼反応で放出されるエネルギーの約250万倍に相当します。

250万倍!?
原子力発電ってすごいんですね！

ええ。でも，これよりももっとすごいのが，太陽内部でおきる核融合反応です。

かくゆうごうはんのう？

太陽でおきている核融合反応とは，水素の原子核どうしが融合するなどして，ヘリウムの原子核ができる反応のことです。

やっぱり反応後には軽くなるんですか？

はい。この反応では，約0.7％の質量が消失し，エネルギーとなります。これは，燃焼反応で放出されるエネルギーの約2000万倍の大きさです。

やっぱ太陽のエネルギーはすごい！
それで，本題の対消滅で放出されるエネルギーはどれくらいなんでしょうか？
さすがに，太陽ほどはないですよね？

水素原子の核融合反応

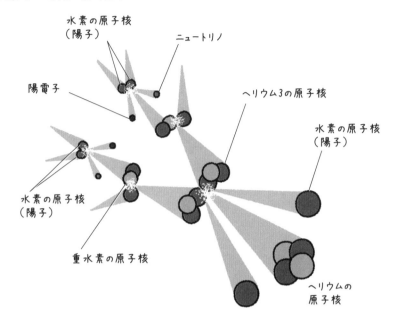

水素の原子核
（陽子）

ニュートリノ

陽電子

ヘリウム3の原子核

水素の原子核
（陽子）

水素の原子核
（陽子）

重水素の原子核

ヘリウムの
原子核

4個の水素原子核（陽子）から、ヘリウムの原子核がつくられる。この反応は、大きく3段階に分けられる。正味で水素原子核4個からヘリウム原子核1個ができる。

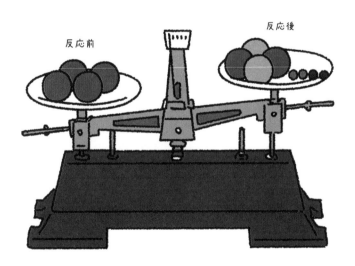

反応前

反応後

対消滅では，粒子と反粒子の質量のすべてがエネルギーへと変わるわけですから莫大なエネルギーが放出されます。燃焼反応と比較すると，**約30億倍**のエネルギーが放出されることになります。

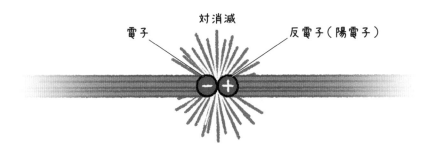

対消滅

電子　　　　　　　　　　反電子（陽電子）

ケタがちがう！
太陽の100倍以上のエネルギーってことですか!?

はい，同じ質量の燃料を使った場合，対消滅はものすごくエネルギー効率がよいことになります。

対消滅，すごいな。
エネルギー問題も解決しそう。

炎

1

燃焼 …… 1倍

火力発電は, 石炭や石油などの化石燃料を燃やして, 燃料の分子を, 二酸化炭素や水蒸気などの分子にかえる反応を利用します。

太陽

2,500,000

核分裂反応 …… 約250万倍

原子核が分裂し, 別の元素の原子核にかわる反応を「核分裂反応」といいます。原子力発電は, この反応を利用して, ウラン235の原子核を構成しているエネルギーの一部を取りだしています。

20,000,000

太陽内部の核融合 …… 約2000万倍

太陽の内部では, 四つの水素の原子核が融合してヘリウムの原子核などになる反応（核融合反応）がおきています。核融合反応は, 原子核を別の原子核にかえることで, 原子核を構成するエネルギーの一部を取りだしています。

反物質と物質の衝突から得られるエネルギーは，石炭の燃焼の30億倍！

反物質と物質がふれたときに生じるエネルギーを，ほかのエネルギー獲得方法とくらべてみましょう。数字はそれぞれ，化石燃料1キログラムを燃やしたときに得られるエネルギー量を「1」としたとき，同じ量の物質の反応でほかの方法によって得られるエネルギー量がどれくらいかをあらわしています。500グラムの物質と500グラムの反物質（合計1キログラム）が出会うと，火力発電の燃焼反応の30億倍ものエネルギーが生じます。

物質の粒子

反物質の粒子

3,000,000,000

反物質と物質の衝突 ―― 約30億倍
反物質と物質が出会うと「対消滅」という反応がおき，粒子と反粒子の質量のエネルギーがすべて放出されます。その結果，粒子と反粒子が消え，あとには何も残りません。

反粒子だけでできた世界があるのかもしれない

反粒子って莫大なエネルギーを放出するわけですから，ものすごく危なっかしいものだったんですね。

たしかに，ここまでの話を聞くと，火薬のように爆発しやすい，不安定なものを想像してしまうかもしれませんが，必ずしもそうではありません。
反粒子や，反粒子からつくられた反物質自体は，私たちの体を構成する物質と同じくらい安定なものなんですよ。

えっ，そうなんですか？

はい。
宇宙の星々から私たちの体まで，すべての物質は，水素や炭素などの原子でできています。その原子は，中心部に陽子と中性子からなる原子核があり，周辺に電子が飛びまわっています。
そしてこれら陽子や中性子は，クォークという粒子でできています。電子とクォークは，それ以上分割できない素粒子だと考えられています。

ふむふむ。

反粒子と素粒子は，双子のようにそっくりなものです。
反粒子は，素粒子を"特別な鏡"に映したようなものだといえます。

普通の鏡は**左右**を逆にしますが，反粒子と粒子の間にある鏡は，左右だけではなく，粒子の**電気のプラス・マイナス**を逆にします。これが，粒子と反粒子の大きなちがいです。

ということは，反粒子も単独で存在していれば，素粒子と同じように安定だってことですか？

その通りです。
物質をつくるすべての素粒子には，それに対応する反粒子があり，それらで**反物質**をつくることも理論的には可能です。
つまり，クォークそっくりな**反クォーク**があり，この反クォークから**反陽子**や**反中性子**がつくられ，さらに**反原子**がつくらることもありえます。

あっ！
じゃあやっぱり，さっきいった**反塩**とか**反砂糖**，それどころか，**反人間**もいるかもしれないですね！

その通りです。
もし反原子が大量にあれば，**反人間**や**反宇宙**の存在さえ，理論的には可能なのです。
ひょっとすると，この宇宙のどこかに反人間が住む**反惑星**があって，何の疑問ももたずに，普通に生活しているかもしれませんね。

銀河

人間

銀河・惑星・人間
私たちの宇宙は、原子や、原子が
つながってできた分子でできています。

原子
陽子、中性子、電子からなります。
陽子は「+1」の電気を、電子は「-1」
の電気を帯びています。中性子や原
子は電気的に中性です。

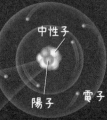

中性子

陽子　　電子

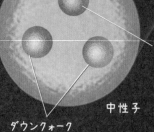

アップクォーク

ダウンクォーク

中性子

素粒子

物質の世界と反物質の世界は，まるで鏡に映したようにそっくり

反物質と物質の世界は，「粒子が帯びる電気のプラス・マイナス」が逆です。そのほかの，質量などの性質はそっくりです。たとえば，電子はマイナスの電気を帯びていますが，「反電子」はプラスの電気を帯びています。

反銀河

反人間

反銀河・反惑星・反人間
もし反原子が大量にあれば，それらからなる反人間や反銀河だって理論的には存在できます。

反電子

反中性子

反陽子

反原子
反陽子，反中性子，反電子からなります。反陽子は「−1」の電気を，反電子は「＋1」の電気を帯びています。反中性子や反原子は電気的に中性です。

反アップクォーク

反中性子

反ダウンクォーク

反素粒子
すべての素粒子に対応する「反素粒子」が存在することが，実験によりわかっています。それぞれの反素粒子が，素粒子とそっくりかどうかを確かめるため，反素粒子をつくる実験が世界中で行われています。

宇宙から飛んできた反粒子が見つかった

反粒子は，普通の物質にあふれたこの世界では，すぐに対消滅をおこすから，ほとんど存在できないはずなんですよね。
なのに，どうやって見つかったんでしょうか？

先ほども少し触れましたが，反粒子の存在は1928年，**ポール・ディラック**（1902～1984）によって理論的に予言されました。このころディラックは，当時の新しい物理学である「量子力学」と「特殊相対性理論」を統合した理論をつくろうとしていました。
その過程で，「粒子とは帯びている電気が逆のもの」，つまり「反粒子」が存在するはずだという，奇妙な結果を数式からみちびいたのです。このときディラックは，弱冠26歳でした。

ポール・ディラック
（1902 ～ 1984）

ほぇ～，若いのにすごい人ですね。

ディラックは，粒子と反粒子を，もともと**大きなエネルギーから，ペアで生まれるもの**としてみちびきました。

ディラックが考えた通り，粒子と反粒子は必ず1対1で生まれます。エネルギーから粒子と反粒子が生まれる反応は対生成とよばれています。

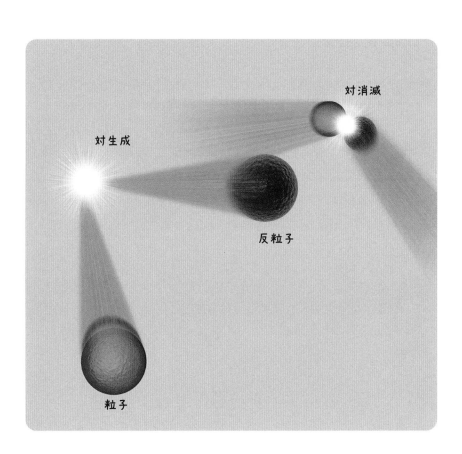

対消滅

対生成

反粒子

粒子

一方，粒子と反粒子が出会うと，消滅して完全に元の無に返ってしまいます。このとき大きなエネルギーだけが残されるのです。これは対消滅というのでしたね。

粒子と反粒子は，対生成で生まれて，対消滅で消える，というわけなんですね。

そうです。
粒子と反粒子は必ずペアで誕生し（対生成），粒子と反粒子が出会うと，あとかたもなく消滅します（対消滅）。
粒子と反粒子は，つねにペアで生まれて消える表裏一体のものなのです。

ほうほう。ディラックさんの予言は，物理学の世界で一大センセーションを巻きおこしたんじゃないですか？

いいえ，当時の科学者たちは，ディラックが提唱した反粒子の存在を信じませんでした。
実はディラック本人すら解釈に悩み，数式の中にあらわれた反粒子が実在するかについては，半信半疑だったといいます。

たしかにこんな突拍子もないもの，信じる方がむずかしいですね。

ところが予言からわずか4年後，状況が大きく変わります。

えっ！
まさか実際に見つかった？

そうなんです。
ディラックの予言からわずか4年後の1932年に，偶然，反粒子が発見されました。

偶然？

発見したのは，アメリカの物理学者，当時27歳の**カール・アンダーソン**（1905〜1991）です。宇宙からの高速粒子である宇宙線を観測していたところ，**未知の粒子**が観測装置に飛びこんできたのです。それが反粒子だったんです！

どうしてその未知の粒子が反粒子だってわかったんですか？

それを理解するにはまず，アンダーソンが使っていた観測装置について知る必要があります。
まっすぐ飛んできた粒子は，**霧箱**という観測装置に入ります。霧箱の中には水蒸気が満たされており，粒子が飛びこむと，飛行機雲のように**粒子の軌跡**があらわれます。

へぇ，霧箱を使えば，粒子の軌跡を知ることができるんですね。

 そうです。
さらに霧箱を電磁石で囲むことで，電気を帯びている粒子が入ってきた場合は，磁気の影響で軌跡が曲がるようくふうされていました。
しかも，プラスの電気を帯びている粒子と，マイナスの電気を帯びている粒子では，曲がる方向が逆になるという性質があります。
また，粒子によって軌跡の長さや形がことなることがわかっていました。

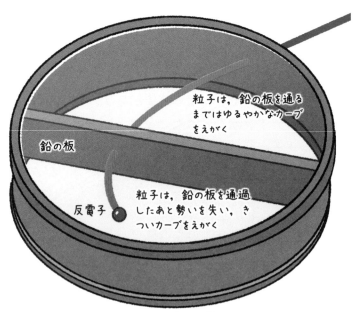

鉛の板

粒子は，鉛の板を通るまではゆるやかなカーブをえがく

反電子

粒子は，鉛の板を通過したあと勢いを失い，きついカーブをえがく

アンダーソンが改良した霧箱

じゃあ，霧箱の中にあらわれる軌跡によって，その粒子がどんなものなのかがわかるということですか？

はい，その通りです。
アンダーソンは，霧箱を使って，さまざまな粒子を分類し，それまでに知られていたどの粒子でもない，未知の粒子を発見したのです。
この未知の粒子は電子と質量がまったく同じで，電子とは逆のプラスの電気を帯びていました。 このことから，この未知の粒子が反電子だとわかったのです。
ディラック本人すらも確証をもっていなかった反粒子の存在が明らかにされたわけなんです。

なるほど。
ディラックさんもおどろいたでしょうね。
アンダーソンさんは観測装置に偶然飛びこんできた反電子をつかまえたってことですよね。これってつまり，この地球には反粒子が降り注いでいるってことなんでしょうか？

そうですよ。
宇宙空間には，陽子やヘリウムの原子核などの粒子が高速で飛びかっています。
これを1次宇宙線といいます。この1次宇宙線が地球の大気にぶつかると，そのエネルギーで多数の反粒子と粒子ができるんです。これが2次宇宙線です。

はえー，なるほど。
1次宇宙線のエネルギーが，粒子と反粒子に化けるわけなんですね。

そういうことです。
でも2次宇宙線に含まれる反粒子は，地球のほかの物質の粒子に衝突してすぐさま消えてしまいます。

はかない命なんですね。

人工的に反粒子をつくるのに成功！

反粒子は自然界でつくられるだけでなく，人工的にもつくることに成功しているんですよ。
実際に，反電子よりも重い反粒子は加速器という実験装置で発見されました。

加速器！
1時間目に出てきましたね。

ええ。
加速器内で高速の粒子を衝突させると，そのエネルギーによって，粒子と反粒子が対生成するのです。

すごいですね！
どんな反粒子が人工的につくられているんですか？

まず1955年に，アメリカのカリフォルニア大学バークレー校で建設された加速器ベバトロンで反陽子が合成されました。さらにその翌年には，反中性子も見つかりました。

70年以上も前に反粒子が人工でつくられていたんですね。

以後も，強力な加速器が次々に建設され，次のイラストのような反粒子がつくられています。

反陽子
1955年に発見され
ました。宇宙線か
らではなく，加速
器で発見された最
初の反物質です。

反中性子
1956年につくられました。

反重陽子
1965年につくられまし
た。反陽子1個と反中
性子1個からなります。

118

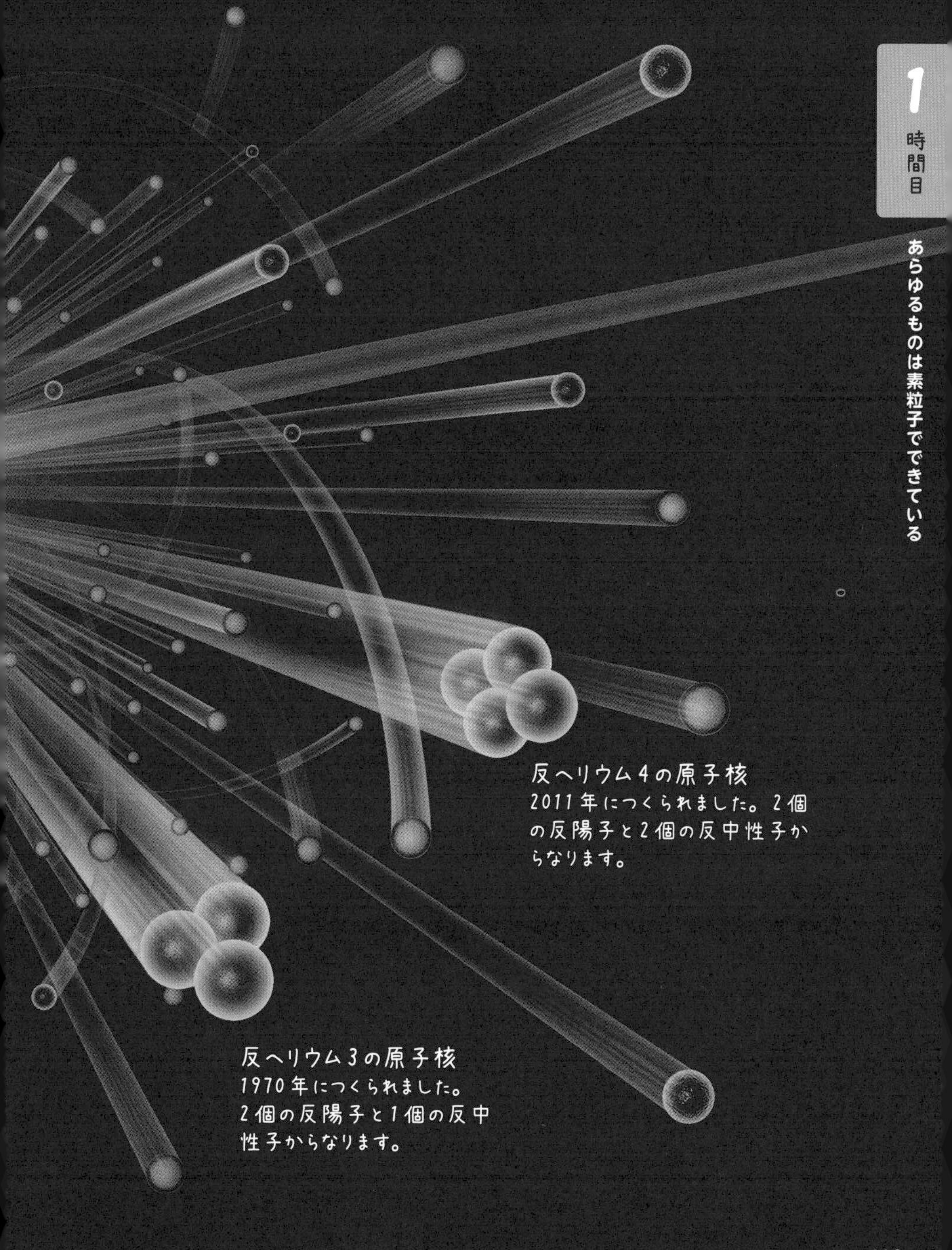

反ヘリウム4の原子核
2011 年につくられました。2 個
の反陽子と 2 個の反中性子か
らなります。

反ヘリウム 3 の原子核
1970 年につくられました。
2 個の反陽子と 1 個の反中
性子からなります。

複数の反粒子からできた反原子核なんかもつくられたんですね。

そうなんですよ。
1995年には，人工的につくった反電子と反陽子を結合させて，なんと**反水素原子**をつくることにも成功しています。

ついに原子そのものをつくっちゃったのか！
でも反物質って，普通の物質と反応してすぐに消えてしまうんですよね。

はい。反物質は物質と衝突すると対消滅してしまうので，保存することが非常にむずかしいです。
しかし2011年には，東京大学や理化学研究所が参加した国際チームが，**反水素**を特殊な磁石でおおわれた容器に約16分間閉じこめることに成功しました。

すごい！
反物質を保存できるようになったら，いろんなことに利用できそうですね。

今や反物質は，世界中の加速器でつくられています。たとえばつくば市の高エネルギー加速器研究機構では，加速器運転中，**100兆個の反電子**が加速器の中をまわっています。合成した反物質を使って，研究者たちは**宇宙がどのようにしてはじまったのか**という謎に挑んでいます。

ここからは，反粒子とこの宇宙のはじまりにまつわる**大きな謎**についてお話ししましょう。

謎？

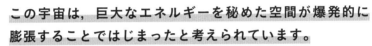

この宇宙は，巨大なエネルギーを秘めた空間が爆発的に膨張することではじまったと考えられています。
誕生してしばらくは宇宙には「もの」はなく，ただ巨大なエネルギーがありました。そこから私たちを構成する「もの（質量）」を生んだのが対生成です。
エネルギーがものに変わるとき，かならず粒子と反粒子がペアで生まれます。そのため宇宙がはじまったころ，粒子と反粒子は同じ量だけできたと考えられています。

粒子と反粒子が，同じ量だけ生まれた？
じゃあ，なぜ私たちのまわりには反物質が存在しないんですか？

まさに，そこなんです。
同じ量生まれたはずの粒子と反粒子のうち，現在私たちのまわりにあるのは，粒子だけです。**なぜ反粒子はほぼすべて消え去り，粒子だけが残されたのでしょうか。**
これがこの宇宙誕生時のとても大きな謎なんです。

ふぅむ。

宇宙誕生直後に時間をもどして考えていきましょう。**宇宙がはじまってすぐは，大きなエネルギーで満たされており，粒子と反粒子が生まれる対生成が優勢でした。** そのため，粒子と反粒子はどんどん増えていきました。

消えるよりも生まれる方が多かったんですね。

そうです。しかし宇宙は，急速に膨張するにつれて冷えていきました。宇宙が冷えると，高いエネルギーが必要な対生成がおきにくくなってしまいました。その一方で，反粒子と粒子が衝突する対消滅はおきつづけています。

反物質

対消滅　　　　対生成

対生成

物質

2. 物質がわずかに増加した
何らかの原因で，物質は反物質よりも10億分の2だけ多くなりました。

1. 初期宇宙
宇宙は，莫大なエネルギーを秘めた空間が膨張することではじまりました。エネルギーが質量に変換する「対生成」によって，反物質と物質が同じ量できました。

対消滅

初期宇宙で，反物質と物質が，同量ずつ大量にできました。

物質が反物質よりも10億分の2だけ多くなりました。

反物質の量　　　　物質の量

対消滅

対生成

3. 反物質と物質が減少しはじめる
宇宙が冷えるにつれ，対生成がおきに
くくなっていきました。一方，反物質
と物質が出会うと対消滅がおきます。
こうして，対消滅が優勢になると，
物質と反物質は減少しはじめました。

4. 物質だけが残り，
　　「物質の宇宙」になる
対消滅によってほとんどの物質と反物
質がなくなりました。あとには，わずか
な物質が残され，それらから星や銀河
ができ，私たちが生まれました。こうし
て「物質で満ちた宇宙」ができました。

― 元の物質の
　10億分の2

対消滅によって物質と反物質
が減少していきます。ただし，
物質と反物質の差（10億分
の2）は保たれたままです。

初期宇宙にあった反物
質はすべて消え，元の
物質の10億分の2だ
けが残されました。

元の物質の
10億分の2

元の物質の
10億分の2

ということは，どんどん粒子や反粒子が少なくなっていくわけですね。

そうです。

でもここで，一つの謎が生まれます。

対生成では，粒子と反粒子は必ずペアで生まれ，対消滅では，必ずペアで消滅します。粒子と反粒子が同量生まれたなら，対消滅によって，それらはすべて消滅するはずです。その後の宇宙は空っぽの宇宙になることでしょう。**では，なぜ現在の宇宙には，普通の粒子でできた物質だけがあるのでしょうか？　物質と対消滅するはずだった反物質は，どこへ消えたのでしょうか。**これが，消えた反物質の謎です。

うぅむ，いったいなぜ普通の物質だけが残されたんでしょうか？

それはよくわかりません。

現在残されている物質の総量は，138億年前の宇宙誕生時にできた物質の量の，たった**10億分の2**だと推計されています。**ですから138億年前に生まれたほとんどの物質は，反物質との対消滅によって消滅してしまったようです。**

しかし，ごくわずかですが，物質が残ったおかげで，今，私たちが存在しているのです。

反物質の方が自然に，こわれやすいとか……。

あるいは，反物質の方が少なく生じたとか……。

124

物理学者たちは，対生成によって粒子と反粒子が大量にできたあと，何らかの原因で粒子が反粒子よりも10億分の2程度多くなったと考えています。

その後，対消滅によって粒子と反粒子の10億分の9億9999万9998が消え，残りの10億分の2の粒子が現在の星々や私たちをつくったと考えるのです。ただし，なぜ粒子の方がわずかに多くなったのかはわかりません。

結局，謎としてまだ解き明かされていないということか。
残念ですね。

現実の宇宙には，大量の物質が残っています。
これは素粒子物理学にとって，最大の謎の一つとされています。

なぜこの宇宙には，反物質がほとんどなく，物質ばかりがあるのか。

その謎を解くかぎは，**CP対称性の破れ**にあります。少しむずかしいかもしれませんが，このCP対称性の破れについて，お話ししましょう。

CP？　対称性？
む，むずかしそう……。

まず，CP対称性の**C**は，ある粒子の電荷のプラス・マイナスを入れかえる操作（荷電共役変換：Charge conjugation）のこと。そして**P**は，ある粒子を鏡に映したように左右反転させる操作（パリティ変換：Parity transformation）のことを指しています。

この二つの操作をある粒子に同時におこなうことは，その粒子を反粒子にすることを意味します。

は，はぁ。

それで，CP対称性とは，粒子にC変換とP変換の二つの操作をおこなっても，もとの粒子と同じ自然法則が成立することをいいます。

そしてCP対称性の破れというのは，二つの操作をおこなった粒子（反粒子）ともとの粒子とで同じ法則が成立しないことを意味します。

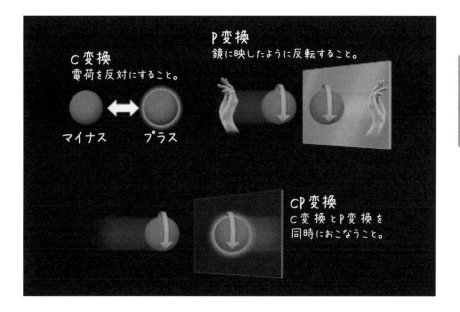

うーん，むずかしい！

簡単にいうと，CP対称性の破れというのは，粒子と反粒子の性質に差がある，という意味です。
CP対称性の破れが見つかれば，すなわち粒子と反粒子の性質に差があれば，反粒子が消え去って粒子だけが残されたことを説明できるかもしれないわけです。

粒子と反粒子の性質にそもそもちがいがあるから，現在の宇宙に残っている量にちがいが生まれたということですか？

はい，そういうことです。

実際にCP対称性の破れは見つかっているんですか？

 かつては，**粒子と反粒子の差など存在しない**と考えられていました。
しかし1964年，アメリカのジェームズ・クローニンとヴァル・フィッチが，ブルックヘブン国立研究所での観測で，**K中間子**という粒子が崩壊するときに，ごくまれに**CP対称性が破れる**ことがあることを発見したのです。

 おー，実際に粒子と反粒子に差があることがわかったんですね。
でも，けーちゅうかんし，って何ですか？

 中間子というのは，クォークと反クォークが結合した粒子のことです。中でも，二人がCP対称性の破れを観測したK中間子は，**ダウンクォーク**と，**ストレンジクォーク**でできた粒子です。

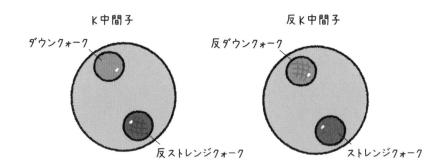

K中間子と，その反粒子である反K中間子は崩壊して，別の粒子になる性質があるのですが，その崩壊の具合に差があることを発見したわけです。

それがCP対称性の破れということですか？

はい，そうです。

さらに1970年代になり，なぜCP対称性の破れが生じるのか，そのしくみを理論的に考えたのが，小林誠博士と益川敏英博士です。

当時，クォークは，アップクォーク，ダウンクォーク，ストレンジクォークの3種類だと考えられていました。しかし，この3種類のクォークだけでは，なぜCP対称性の破れが生じるのかを説明することはできなかったのです。

実験では観測されたのに，CP対称性が破れるしくみは説明できなかったんですね。

ええ。そこで，小林博士と益川博士が考えだしたのが，合計**6種類のクォーク**が存在すると仮定することでした。

この条件で計算をおこなうと，CP対称性が破れることを導きだしたのです。

こうして1973年に発表されたのが，小林・益川理論です。

１時間目のSTEP1でもお話しがありましたね。
CP対称性の破れを説明するために，６種類の素粒子が必要だったんですね。

ええ，そうです。
当時は，多くの研究者が６種類ものクォークが存在するなど，信じていませんでした。
しかし，小林・益川理論が提案された翌年の1974年，サム・ティン博士とリヒター博士が独立に，四つ目のクォークである**チャームクォーク**を発見しました。そして1994年までに，６種類すべてのクォークが発見されています。

小林博士と益川博士の予想通りだったんですね！
すごいや！

ただし，６種類のクォークが見つかったからといって，CP対称性が破れるしくみを説明した小林・益川理論の正しさが証明されたわけではありませんでした。

厳しいですね。

この理論の正しさが実験的に確かめられたのは，発表されてから**30年後**のことです。
2002年から2003年にかけて，日本のKEKB加速器およびアメリカのPEP-II加速器を使った**Bファクトリー実験**によって，小林・益川理論が予言する通りの大きさでCP対称性の破れが観測されたのです。

びーふぁくとりー？

 Bファクトリーというのは，加速器で電子と反電子を衝突させ，**B中間子**と**反B中間子**という粒子を大量につくりだす実験です。

B中間子と反B中間子の崩壊のようすをくわしく観測することで，CP対称性の破れを調べることができるんです。

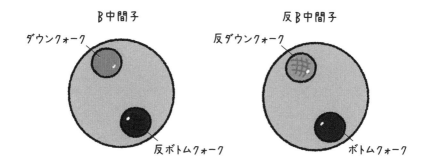

B中間子

ダウンクォーク

反ボトムクォーク

反B中間子

反ダウンクォーク

ボトムクォーク

 ほぉ，むずかしいですが，ともかくそのBファクトリーの実験によって，小林・益川理論の正しさが確かめられたわけですね!?

 はい，B中間子と反B中間子の崩壊のしかたに，小林・益川理論で予測された通りの差があることが確認されました。これによりこの理論が正しいことが確かめられたんです。

ということは，もう反物質の謎ってそのCP対称性の破れで説明できるんじゃないんですか？

いいえ，今のところ，ごく小さなCP対称性の破れしか見つかっておらず，それだけでは，現在の物質の量を説明することはできていません。

うぅむ。

でも，BファクトリーでB中間子と反B中間子をよりくわしく観測することで，CP対称性の破れをもたらす新しいしくみが発見されるのではないかと期待されています。そうなれば，反物質の謎の解明に近づくことができるかもしれません。

反粒子は普通の粒子になった？

小林博士，益川博士は，反物質が存在しないために必須であるクォークのCP対称性の破れのしくみを明らかにし，Bファクトリー実験で正しさが検証されました。
でも現在の粒子・反物質の不釣り合いを説明するにはそのCP非対称ではまだまだ小さいです。
なので，現在の素粒子の理論である標準理論を超えた未発見の素粒子が潜んでいる可能性があります。たとえば，超対称性理論では，十分なCP非対称性を生成できることが示されているのです。

ちょうたいしょうせい？

超対称性理論とそこから予言される超対称性粒子については3時間目に触れますが，それ以外の素粒子が絡んでいる可能性もあります。様々な予測のなかで，ニュートリノをこの謎の鍵だとする説もあります。

ニュートリノ？
えーっとたしかなんでもすり抜ける幽霊みたいな素粒子でしたよね？

はい，よく覚えていましたね。
ニュートリノが注目される理由は，**電気を帯びていない中性の粒子**だからです。
138億年前に反粒子が消えてしまった謎を解くカギは，電気を帯びていない粒子がにぎっているかもしれないのです。

なぜ電気を帯びていない粒子が注目されるんでしょうか？

反粒子と粒子はそっくりですが，たがいに**逆の電気**を帯びている点がことなっています。
たとえば電子はマイナスの電気を帯び，その反粒子である反電子はプラスの電気を帯びています。

ふむふむ。

それに対して，もともと電気を帯びていない素粒子の場合，それに対応する反粒子も電気を帯びていません。
反電子のようなプラスの電気を帯びている粒子が，マイナスの電気をもつように自然に変化することは考えづらいです。

なるほど。

しかし，もともと電気を帯びていない反粒子なら，粒子に変わる際に電気のプラス・マイナスを変える必要がありません。**そのため，反粒子が粒子になる反応がおきるかもしれないと考えているのです。**

電気的に中性の反粒子が，普通の粒子に変身したかもしれないっていうことですか？

その通りです。
これまでに発見されている12種類の物質を形づくる素粒子のうち，電気を帯びていない素粒子は，3種のニュートリノだけです。
そこで，今，反ニュートリノをニュートリノに変えることを実証しようと，世界中の科学者が実験に取り組んでいるんです。

クォークの仲間

アップクォーク
（原子の構成要素）

チャームクォーク

トップクォーク

ダウンクォーク
（原子の構成要素）

ストレンジクォーク

ボトムクォーク

電子・ニュートリノの仲間

電子ニュートリノ

ミューニュートリノ

タウニュートリノ

電子
（原子の構成要素）

ミュー粒子
（ミューオン）

タウ粒子

各素粒子をあらわす球の中に示したのは，各素粒子が帯びている電気の量です。

でも，ニュートリノってどんどんすり抜けて，なかなか痕跡を残さないんですよね。そんな幽霊みたいなニュートリノをもっとくわしく調べるなんて，できるんですか？

たしかにニュートリノは，ほかの粒子とほとんど相互作用しないのでそのまま地球をすり抜けてしまい，検出することが非常にむずかしい素粒子です。
ですが，さまざまな研究からニュートリノの素性を明らかにしようと進められています。

消えた反粒子の謎の犯人は，ニュートリノかもしれない

そもそもニュートリノって，電気的に中性なんでしょう？反ニュートリノと普通のニュートリノにちがいなんてあるんですか？

いい質問です！
たしかにニュートリノや反ニュートリノは，どちらも電気を帯びていません。しかし，ちがいがあります。
それは"スピン"とよばれる，電荷や質量と同様の素粒子の性質です。いわば，回転方向のようなものです。
ニュートリノはすべて左巻きに回転しながら進み，反ニュートリノはすべて右巻きに回転しながら進むのです。
もしこの回転方向を変えられれば，反ニュートリノをニュートリノに変えることができます。

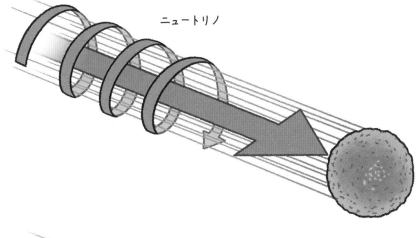

ニュートリノ

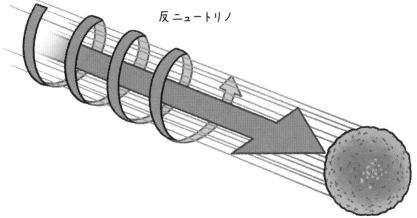

反ニュートリノ

へー，回転方向ですか。
たしかに電気の正負を変えるよりも簡単に変えられそう。
どうすれば回転方向を逆にすることができるんでしょう
か？

実は，日本のカミオカンデ・グループによって，ニュートリノの回転方向を逆にできる可能性を示す実験的証拠が見つかりました。
それは，ニュートリノに質量がある，ということです。

ニュートリノに質量があることが，どうしてそんなに重要なんです？
回転の向きとなんの関係もなさそうですけど。

それまでは**ニュートリノの質量はゼロである**と考えられていました。
アインシュタインの相対性理論によると，「質量がゼロの粒子」は必ず自然界の最高速度である光速で移動し，一方で「質量がある粒子」は，どんなに加速しても光速には到達できないとされています。

ふーむ。
ということは，ニュートリノに質量があるという発見は，**ニュートリノは，光の速度よりも遅い**ということを意味しているんですか？

その通りです！
従来は，質量ゼロのニュートリノは光速で移動しており，絶対に追い抜けないと考えられていました。

でも，ニュートリノに質量があるなら，それはニュートリノの速度が光速よりは遅くて，理論的にはがんばれば追い抜けることを意味します。

がんばれば追い抜ける？

そうです。
そこで，ものすごく加速した宇宙船に乗って反ニュートリノを追い抜き，宇宙船からうしろの反ニュートリノを振り返って見たとしましょう。
すると，左巻きに回転しながら遠ざかっていくように，つまり反ニュートリノがニュートリノに化けたように見えるはずです。

はぁぁぁぁ!?
そ，そんな考え方って，アリ!?　それでいいんですか？

一見，おかしいと思われるかもしれません。
でもこのように，実は反ニュートリノとニュートリノは同じもので，視点次第でどちらかに見えているだけなのかもしれないのです！

むむむむ……。
見ている状況によって，変わるということなのか……。

反ニュートリノとニュートリノは同じものであり，反ニュートリノを追い抜くと，ニュートリノに化けて見えるというのは仮説です。

反ニュートリノとニュートリノは実は同じもの？

現在見つかっているニュートリノは，すべて左巻きに回転しながら進みます。逆に反ニュートリノは，右巻きに回転しながら進みます。

　もし反ニュートリノを追い抜き，振り返ってみたとすると，粒子が左巻きに回転しながら遠ざかるように，つまりニュートリノに化けたように見えるはずです。

止まっている人

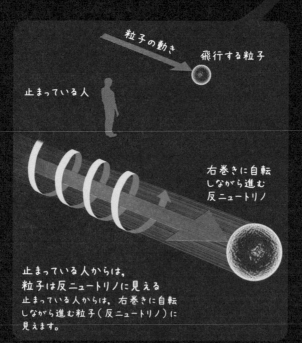

粒子の動き

飛行する粒子

止まっている人

右巻きに自転
しながら進む
反ニュートリノ

止まっている人からは，
粒子は反ニュートリノに見える
止まっている人からは，右巻きに自転
しながら進む粒子（反ニュートリノ）に
見えます。

飛行する粒子

粒子より高速で
移動する人

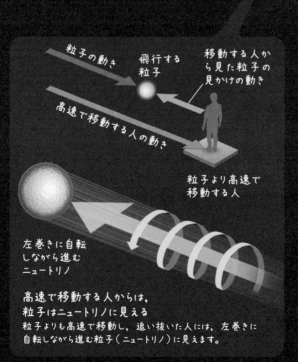

粒子の動き　飛行する
粒子

移動する人か
ら見た粒子の
見かけの動き

高速で移動する人の動き

粒子より高速で
移動する人

左巻きに自転
しながら進む
ニュートリノ

高速で移動する人からは，
粒子はニュートリノに見える
粒子よりも高速で移動し，追い抜いた人には，左巻きに
自転しながら進む粒子（ニュートリノ）に見えます。

141

現在，この仮説を確かめるために，世界中で多くの検証実験が行われています。

なるほど。
この宇宙のはじまりにまでさかのぼる反粒子の謎，解明されるといいですね！

反粒子の存在を提唱した，**ポール・ディラック**

　ポール・エイドリアン・モーリス・ディラックは1902年，イギリスのブリストルに生まれました。父親はフランス語の教師で，子供のころから厳格に育てられたといわれています。

　ディラックは当初，ブリストル大学で電気工学を学びましたが，卒業後ケンブリッジ大学で物理学を学ぶようになります。1926年にはデンマークのコペンハーゲンにあった，デンマークの理論物理学者，ニールス・ボーア（1885～1962）の研究所を訪れ，ボーアの下で量子論の研究を進めました。当時，量子論は注目されていた物理理論であり，こうしてディラックは，ヴェルナー・ハイゼンベルク（1901～1976）をはじめとした多くの優秀な物理学者たちとの交流を深めました。

ディラック方程式による反粒子の存在を提唱

　「ディラックのデルタ関数」や「フェルミ＝ディラック統計」など，ディラックの業績はたくさんあります。中には数学におけるものもあり，彼の業績は必ずしも量子論にとどまるものではありませんでした。そのあまたある業績の中でも，1928年に出された「ディラック方程式」は，素粒子物理学にも大きな影響を与えたものでした。

　この方程式は量子論と相対性理論の両方の要求を満たすもので，素粒子である電子のエネルギーが「負」になるという解があらわせる方程式でした。このためディラックは，正の電気をもった電子の反対の粒子，つまり「反粒子」の存在を

指摘します。

　当初は仮説にすぎませんでしたが，1932年に実際に反電子が見つかり，反粒子の存在が証明されました。

　この偉業によりディラックは1933年，ノーベル物理学賞を受賞しました。

寡黙な理論物理学者だったディラック

　数々の偉業を成し遂げたディラックは，非常に寡黙な人物だったといいます。あまりにも無口だったため，大学では同僚が，「1時間に1単語を話す」ことをあらわす「ディラック」という"単位"を冗談でつくったほどでした。

　1970年にフロリダ州立大学に移ったポール・ディラックは1984年にアメリカのフロリダ州で亡くなりましたが，彼を記念して物理学や数学の分野で活躍する科学者に授与される「ディラック賞」が制定されています。

2

時間目

あらゆる力は
素粒子が生む

STEP 1

身近な力
「電磁気力」と「重力」

自然界は四つの力に支配されていると考えられています。その力は「電磁気力」「重力」「強い力」「弱い力」です。この力を司るのも素粒子です。まずは重力と電磁気力について説明します。

自然界はたった四つの力でできている

1時間目では，物質を形づくる素粒子の仲間を見てきました。
しかし素粒子の仲間はこれだけではありません。
ここからは力を伝える素粒子の仲間について紹介しましょう。

力を伝える素粒子？
どういうことですか？

この宇宙でおきるあらゆる現象は，素粒子たちが引きおこしています。
物質を形づくる素粒子と，ここから紹介する力を伝える素粒子がたがいに影響をおよぼしあうことで，自然界という劇が進行していくのです。

ふぅむ。

 まずは，自然界の力について，お話ししましょう。
力と聞くと，どういうものを思い浮かべますか？

 そうですねぇ，物を動かしたり，持ち上げたりするものが
力じゃないですか？
ほら，「村いちばんの力もち」とかいうし。

 いいですね。それはニュートン力学でいうところの力
ですね。

 ニュートン力学？

 高校で習うニュートンの力学では，力というのは物の運
動を変えるものだと習います。力がはたらいていない
物は，ずっと同じ状態でありつづけます。

149

静止している物を動かしたり，物の動きの向きを変えたり，速くしたり遅くしたり止めたりすることができるものが，力というわけです。

物を動かしたり，持ち上げたりするときには，動きの向きが変わるわけですから，力がはたらいているわけですね。

そうです。
自動車を発車させたり加速させたり，停車させたりするのも力です。
また，身のまわりには，摩擦力や圧力，万有引力などさまざまな力が存在します。

ふむふむ。

しかし現代では，この自然界のあらゆる力は，たった四つの力で説明できると考えられています。
私たちが住む地球や太陽系，そして広大な宇宙は四つの力によって，支配されているんです。

たった四つ!?
どんな力なんですか？

それは，電磁気力，重力，強い力，弱い力の4種類です。

ほう。

四つの力というときの力は，ニュートンの力学でいう力の意味よりは，もっと広い意味をもっています。物を引きつけたり遠ざけたりするだけでなく，粒子の種類を変えたりするものも力といっているんです。
自然界のあらゆる現象は，この四つの力によって引きおこされているといえるでしょう。

重力と電磁気力は，聞いたことがありますけど，ほかの二つはまったく聞いたことがありません。

重力と電磁気力は身近な力ですからね。くわしくはこれからお話ししていきますが，まずは四つの力がどういうものか，ざーっと紹介しておきましょう。
まず**電磁気力**は，静電気を帯びた下敷きが髪を引きつけるように，電気や磁気をもつ物が相手を引きつけたり遠ざけたりする力です。
重力は，地球が月を引きつけるように，質量をもつ物が相手を引きつける力です。

じゃあ，強い力と弱い力ってなんですか？
ずいぶんざっくりした名前ですよね。

強い力は，原子核の中の陽子と中性子がたがいに引きつけあうときにはたらく力です。
一方，弱い力は，中性子がひとりでに陽子に変わるように，粒子の変化を引きおこす力です。
この二つは，原子核レベルのミクロな世界ではじめて顔を出す力なので，私たちが実感することはできません。

うーむ，よくわかりません……。
それにしても，私たちが日ごろ経験する力には，数えきれないほどいろいろな力があるように思うんですけど，それがたった四つの力で説明できてしまうんですか？

そうなんですよ。
このおどろくべき事実にたどりつくまでには，物理学者の長い研究の歴史がありました。物理学者はさまざまな現象を観察し，分析して，法則にまとめてきました。そしてついにたどりついたのが，基本的な四つの力です。
非常に数少ない力ですべてのものを説明しようというのが，物理学の方向性なのです。

A. 電磁気力

静電気

電磁気力は，電気や磁気をもつ物が，相手を引きつけたり遠ざけたりする力です。

B. 重力

月

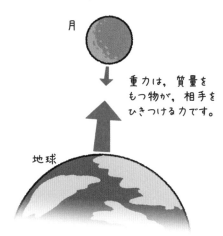

地球

重力は，質量をもつ物が，相手をひきつける力です。

C. 強い力

電子

原子核

強い力は，原子核の中の陽子と中性子が，たがいに引きつけあってくっつく力です。

D. 弱い力

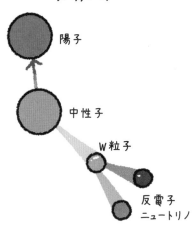

陽子

中性子

W粒子

反電子
ニュートリノ

弱い力は，中性子がひとりでに陽子に変わるように，変化を引きおこす力です。

磁石の力と電気の力「電磁気力」

今あげた四つの力を，それぞれくわしく見ていきましょう。まずは電磁気力です。

電磁気力って，聞いたことはあります。

電磁気力は身近な力の一つですからね。
小学校の理科の授業で，磁石のまわりに砂鉄をまく実験をやったことがありませんか？
磁石のまわりに砂鉄をまくと，磁石の力（磁力）を受けて砂鉄が動いて，N極とS極を結ぶ曲線があらわれます。この線は磁力線とよばれます。
磁力線は，場所によって磁力のはたらく向きや大きさが決まっていることを示しています。このように磁力がおよぶ空間は，磁場とよばれています。

じば……。

同じように，プラスの電気をもつものとマイナスの電気をもつ物のまわりに木くずをまいたとします。すると，まかれた木くずが静電気の力を受けて並び，電気力線をつくります。この電気の力がおよぶ範囲のことを，電場といいます。

じばとでんば……。

磁石の力や電気の力がはなれていてもはたらくのは，磁場や電場が，その中にある物に影響をおよぼすためです。

 磁石の力と電気の力ってよく似ているんですね。

 そうなんです。
かつては電気の力と磁石の力は，それぞれちがうものだと思われていました。**しかし，現在では，磁力と電気の力は本質的に同じ力であることが明らかにされており，電磁気力としてまとめてあつかわれているんです。**

 磁石の力と電気の力って，ぜんぜんちがうように思えますけど，実は同じものだったんですね。
そんなことなぜわかったんですか？

 まず，1820年に，デンマークの科学者，**ハンス・エルステッド**（1777〜1851）が，電流を導線に流すと導線のまわりに磁場ができることを発見しました（158ページのイラストA）。つまり電流が磁場をつくったわけです。
さらにその後，イギリスの化学者で物理学者，**マイケル・ファラデー**（1791〜1867）は電流が磁場をつくるのならば，その逆に磁石も電気をつくるのではないかと考え，1831年にこれを実証しました（159ページのイラストB）。
こうして，磁石の力と電気の力に関係があることが明らかにされていったんです。

 ふむふむ。

磁場と電場

磁石の力がおよぶ範囲は，磁場とよばれます。一方，電気の力がおよぶ範囲は，電場とよばれます（左下のイラスト）。19世紀に，磁石の力と電気の力に密接な関係があることがわかり，磁気の力と電気の力は電磁気力としてまとめて理解されるようになりました。こうして，電磁気力は，電磁場によって伝わると考えられるようになりました。

磁場

磁力線

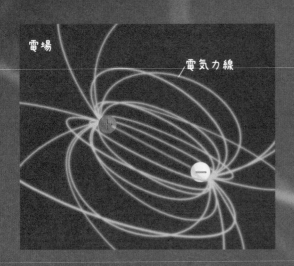

電場

電気力線

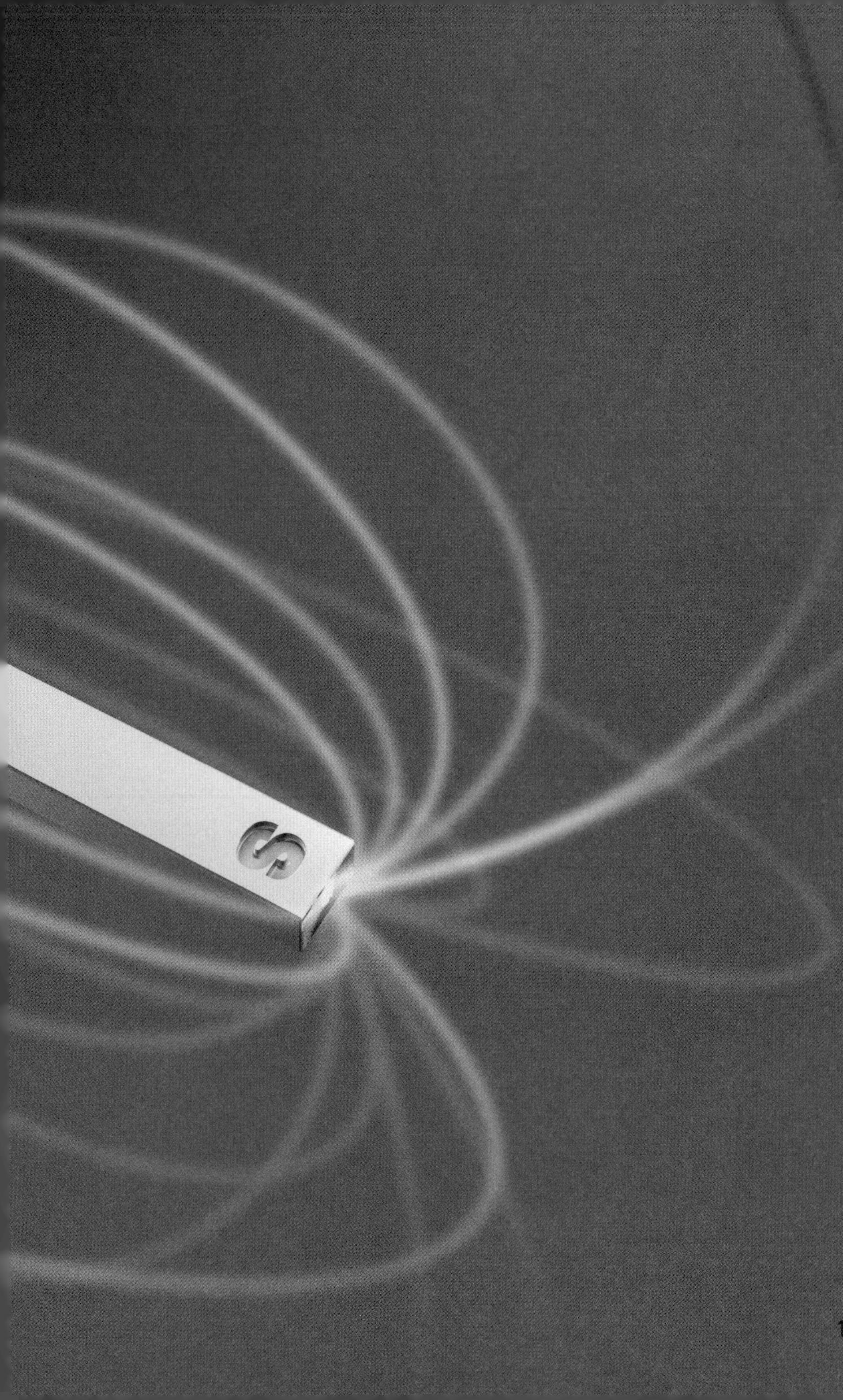
S

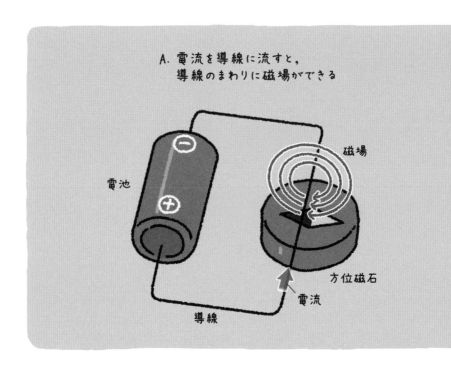

A. 電流を導線に流すと，
　　導線のまわりに磁場ができる

磁場

電池

方位磁石

電流

導線

 そして1864年にイギリスの物理学者，ジェームズ・クラーク・マクスウェル（1831 ～ 1879）が，電気の力と磁気の力をマクスウェルの方程式にまとめました。こうして磁石の力と電気の力は電磁気力として統一的に理解されるようになったのです。

 なるほど〜。

 物理学というのは，このように，さまざまな現象を少ない決まりごとで説明しようとすることで発展してきました。

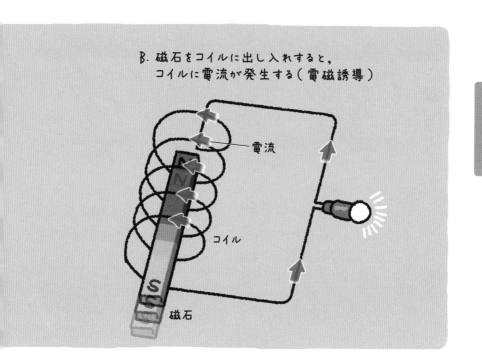

B. 磁石をコイルに出し入れすると，
　コイルに電流が発生する（電磁誘導）

電流

コイル

磁石

そして，自然界のあらゆる現象を説明するためにたどりついたのが，四つの力というわけなんですよ。

ジェームズ・クラーク・マクスウェル
（1831〜1879）

身近な力のほとんどは電磁気力で説明できる

 あらゆる力が四つの力で説明できるのは意外かもしれませんが，私たちが日ごと経験している力は，ほとんどすべて**電磁気力**で説明できてしまうんですよ。

 いやいや，そんなはずはないでしょう！
たとえば，昨日，草野球で何年かぶりにヒットを打ったんですけど，バットでボールを打つ力とかってどうですか？
電気も磁石もまったく関係ありませんよ！

 久ぶりのヒット，おめでとうございます。
実は，バットでボールを打てるのも電磁気力によるものなんです。

そんなバカな！

 バットもボールも原子がたくさん集まってできていますよね。原子は，プラスの電気をもつ原子核のまわりを，マイナスの電気をもつ電子がぐるぐるまわっています。

 ええ，バットは普通の物質ですからね。

 次のページのイラストを見てください。
バットでボールを打つ瞬間，バットの電子と，ボールの電子がものすごく近づきます。すると，マイナスの電気どうしが電磁気力によって反発します。

 ## ほう！

 バットは，電磁気力による反発によって，ボールをぐにゃっと変形させます。
すると変形したボールは，ボール自身のもっている電子どうしがまた反発するので，変形したままではいられなくて広がろうとします。そして広がろうとする勢いでもって，ボールはビューンと飛びだすのです。
原子はほとんどスカスカですから，もし電磁気力がはたらかなければ，ボールはバットをすり抜けるはずですよ。

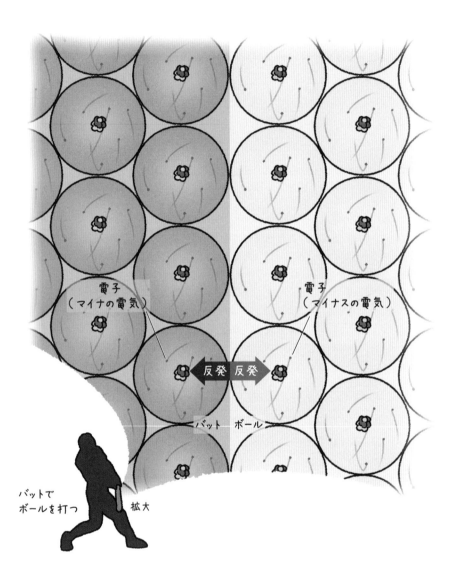

電子
（マイナの電気）

電子
（マイナスの電気）

反発　反発

バット　ボール

バットで
ボールを打つ　拡大

たしかに，そう考えると，電磁気力が私たちの生活と密接していることがわかりますね。

棚を手で押したりする力も電磁気力ってことですね。

そうです。棚の表面の電子と，手の電子が反発することで，棚が押されるわけです。

もう一つ，ちがった例もあげてみましょう。**掃除機でごみを吸う場合**です。

掃除機でごみを吸うとき，掃除機の本体は，中の空気が抜かれて気圧の低い状態になっています。すると空気の分子が，掃除機のヘッドから本体に吸いこまれていきます。

うーん，電磁気力が関係していそうには思えませんけど。

このとき，空気の分子の電子とごみの電子が反発するので，空気の分子がごみをつっついてくれるわけです。それで空気の分子がごみを押して，掃除機の中に突っこむということをやっているのです。

な～るほど！

空気がごみを押してくれるのは，空気に含まれる大量の窒素分子や酸素分子がちりの分子にぶつかるときです。
窒素分子や酸素分子の電子と，ちりの分子の電子が電磁気力で反発するため，掃除機でごみを吸えるのです。

掃除機で部屋をきれいにできるのも，電磁気力のおかげということですね！

電磁気力は光の粒子によって伝えられる

小さいころ，磁石の同じ極どうしを近づけようとすると，反発するのがとても不思議に思っていました。電磁気力って，この磁石の力みたいに，はなれていてもはたらくわけですよね。これってすっごく不思議に思います。なぜはなれていても力がはたらくことができるんでしょうか？

ふふふ。
ここで登場するのが**力を伝える素粒子**です。
実は力は，素粒子が行ったり来たりすることではたらくと考えられているんです。

ど，どういうことですか!?

たとえば，マイナスの電気を帯びた電子は，つねに**光子**という素粒子を吸ったり吐いたりしています。

電子から別の素粒子が出ているんですか？

そうなんです。
そして，ある電子が放出した光子を別の電子が吸収すると，電子どうしに反発力がはたらくんです。
このように，電磁気力は光子の受け渡しによって伝えられているわけです。

えー!!
電子は光子をキャッチボールしているんですか!?

ええ，その通りです。
次のページのイラストのように，電子はつねに光子の受け渡しをしているんです。

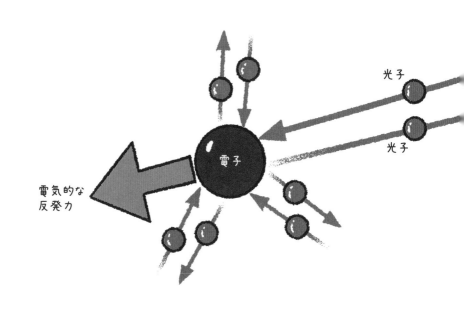

電子

光子

光子

電気的な
反発力

 じゃ，じゃあバットの中の電子からも，光子が出ているわけですか？

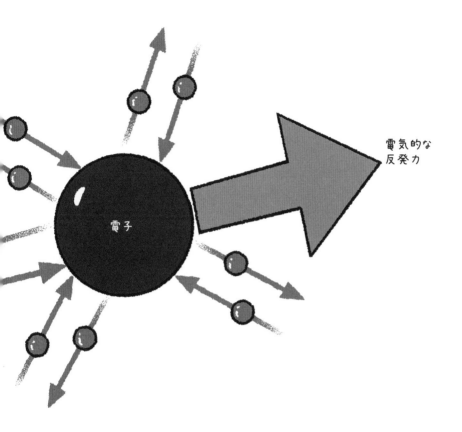

電子

電気的な
反発力

そうですよ。
バットの中の電子からは光子が出入りしています。

バットの電子とボールの電子が光子をやりとりすることで，**反発力**がはたらきます。そのため，バットでボールを打つことができるわけです。

それから，原子の中でも，原子核と電子の間で，光子のやりとりが行われています。これによって，電子は原子核に引きつけられているのです。

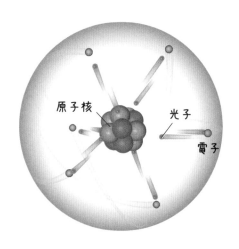

原子核　光子　電子

信じられません！
ってか，そもそも光子って，何ですか？

光子は，**光（電磁波）**の，それ以上分割することができない基本的な単位と考えられている素粒子です。

光は波の性質をもつ一方で，粒子の性質もあわせもつと考えられており，その光の粒子が光子なんです。

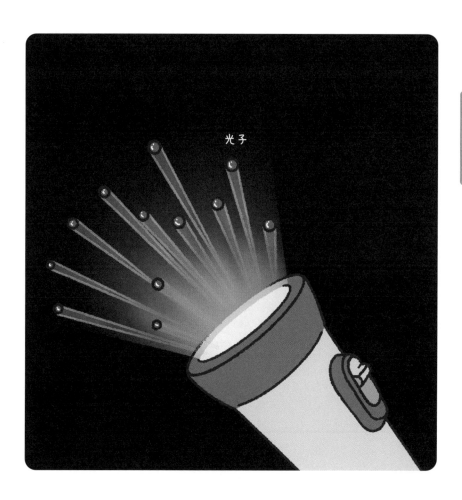

 えっ，光も素粒子なんですか？

 ええ，そうですよ。

ということは，電子や磁石からは光が出ているってことですか？
磁石の先端はまったく光ってない気がするんですけど。

ええ，電子からは光子が出ていますが，光って見えることはありません。
やりとりされている光子というのは，ほんの一瞬しか存在しない，ちょっとお化けみたいな光子なんです。ですから，見る（観測する）ことができないのです。
実際に目に見える光子を実光子といいます。それに対して，電磁気力を伝える目に見えない光子を仮想光子といいます。

見ることができない？
なんだか，とんでもない世界に迷いこんだ気分です。

力は，素粒子のキャッチボールで生まれる

 電磁気力だけでなく，四つの力はいずれも素粒子によって伝えられると考えられています。

 素粒子によって力が伝えられるって，意味不明なんですけど。電子の間で光子をやりとりすることで，反発力がはたらくなんて，まったくイメージができません！

 原理的に完全に一緒ではありませんが，次のような例で例えることができます。
氷の上でスケート靴を履いて向かい合った二人を考えてみてください。右の人から，左の人に向かってボールを投げます。えいっ。

ボールをとる　　　　　　　　　　　ボールを投げる

さて，ボールを投げた人と，受け取った人はそれぞれどうなると思いますか？

転ぶと思います……。

……。
ボールを投げると，まず，**右の人**はボールから**反作用**を受けるため，ボールとは逆の**右**に動きだします。
一方，**左の人**がボールを受け取ると，ボールに押されるので，**左**に動きだします。つまりボールの受け渡しによって，二人の間に**反発力**がはたらいた，とみなせます。

右の人はボールから反作用を受けるため，ボールと逆の，右側に動く。
一方左の人は，ボールに押されるので，左側に動く。

ボールの受け渡しによって，二人ははなれる

なるほど！　わかりやすい！

キャッチボールで反発力がはたらいたように見えるわけですね！　電子どうしが反発するときも，光子のキャッチボールで反発力がはたらいたと考えればいいのか～。
でも先生，電子と原子核のように，引きつけあう力についてはどうですか？

あくまでイメージですが，今度は二人が背中あわせになり，右の人が左の人とは逆方向に**ブーメラン**を投げたとします。ブーメランは戻ってきて，左の人が受け取ります。

右の人は，ブーメランを投げると，その反作用を受けるため，ブーメランと逆の，左側に動く。一方左の人は，ブーメランに押されるので，右側に動く。

ブーメランを投げると，ブーメランの反作用を受けて左へ動く。

受けとる

投げる

ブーメランを受けとると，ブーメランに押されて右へ動く。

すると，右の人はブーメランを投げた反作用で，左に動きます。一方，左の人は受け取ったブーメランに押されて右に動きます。

つまり，ブーメランの受け渡しによって二人は近づき，引力が生じたように見えるわけです。

なるほど〜。

ブーメランかぁ。

素粒子どうしの間にはたらく力も，何かを受け渡すことで力が生じる点は同じです。

たとえば，電子のように電気を帯びた素粒子どうしは，光の素粒子である「光子」を受け渡すことによって，反発力や引力をおよぼしあうのです。

地球の重力は，リンゴも月も引きつける

四つの力のうち，次に説明するのは重力です。

重力って，物が落ちるときにはたらいている力ですよね！身近な力でイメージしやすいです。

たしかに重力は実感しやすい力ですね。

ところが！　重力に関していうと，実は，ほんとうのことはよくわかっていないのです。

重力は物理学における謎の一つなんです。

えっ？
どういうことですか!?

イギリスの天才科学者，**アイザック・ニュートン**（1642〜1727）は，リンゴが木から落ちるという地上の現象と，月が地球のまわりをまわるという天上の現象が，どちらも同じ力によるものであることを見抜き，**万有引力の法則**を提案しました。

質量をもつすべての物の間には，物の質量に比例した引力がはたらくことを明らかにしたのです。

万有引力

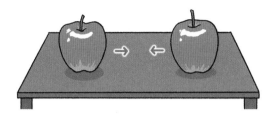

ふむふむ。
その引力が重力ってことですね。

そうです。
たとえば，人工衛星の質量を**2倍**にすると地球と人工衛星の間にはたらく引力の大きさは**2倍**になります。

質量が大きいほど，重力が大きくなるんですね。

また，重力の大きさは**距離**にも依存します。
重力の大きさは距離の2乗分の1に比例します。つまり，距離が2倍になると，重力の大きさは4分の1に，距離が3倍になると，重力の大きさは9分の1になります。

距離がはなれていくと，急激に重力は弱くなっていくんですね。

そういうことです。
重力は，目に見ることはできませんが，重力源から均等に飛びでた**重力線**としてあらわすことができます。
重力線の密度が高い場所ほど，重力が大きいと考えます。
178ページのイラストを見てください。地球（重力源）と，ことなる距離にある四角形をえがきました。四角形をつらぬく重力線の数から，地球の中心からの距離が2倍になると，地球の重力は4分の1になり，地球の中心からの距離が3倍になると，地球の重力は9分の1になることがわかります。

ふむふむ。

 ニュートンは，地上の物体だけでなく，天上の星を含めた
あらゆる物体が，このような万有引力の法則にしたがうこ
とを明らかにしました。
つまりニュートンは，地上の世界と天上の世界を一つにま
とめたということになります。

アイザック・ニュートン
（1642〜1727）

地球

地球の中心からの
距離1，面積1。
面積1あたりの
重力の力線は9本。

地球の中心からの
距離2，面積4。
距離が2倍になると，
面積は4倍になります。
面積1あたりの重力の
力線は2.25本（9本÷
4）になり，重力の大き
さは4分の1になります。

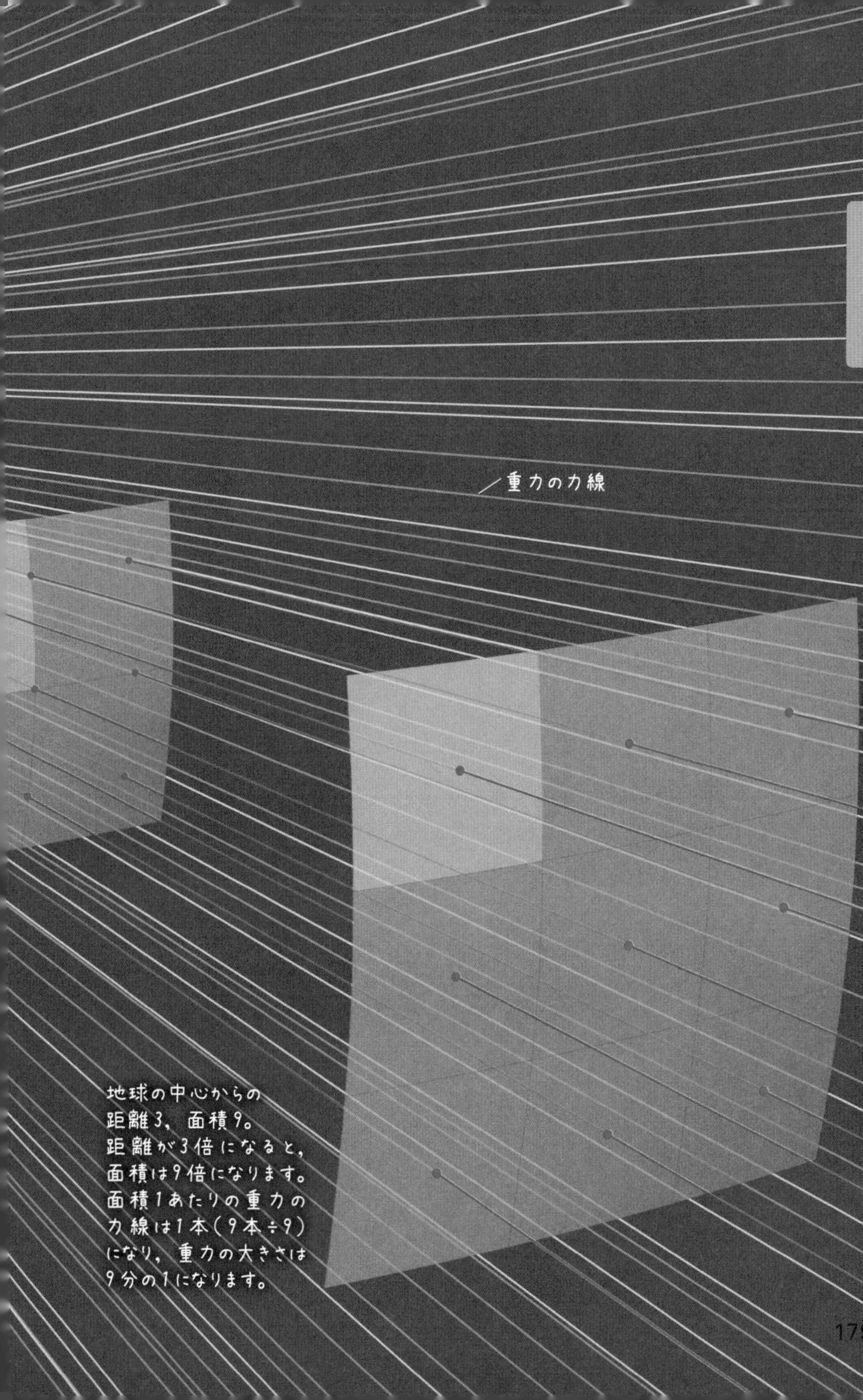

重力の力線

地球の中心からの
距離3、面積9。
距離が3倍になると、
面積は9倍になります。
面積1あたりの重力の
力線は1本（9本÷9）
になり、重力の大きさは
9分の1になります。

179

ニュートンは，地上の世界と天上の世界で同じ万有引力がはたらくことを明らかにしましたが，重力がなぜ生じるかについては何も説明しませんでした。
重力の正体の解明に取り組んだのが**アインシュタイン**です。

アインシュタイン！

アインシュタインは，重力とは，空間が曲がっていることだと考えました。

空間が曲がっている!?

アインシュタインは，1915〜1916年に発表した**一般相対性理論**の中で，質量をもつ物のまわりの空間は曲がっており，その曲がった空間が，その中にある物に影響をおよぼして，移動させる（落下させる）のだと主張したのです。

ど，どういうことなんでしょうか？

次のイラストを見てください。
二つの天体が，ゴムのシートであらわした空間を曲げているイメージを描いたものです。本物のゴムのシートに二つの球を少しはなして置くと，シートが伸びて曲がり，球は近づいていくでしょう。

同じように二つの天体も空間を曲げて近づいていきます。これが重力の正体だというのです。

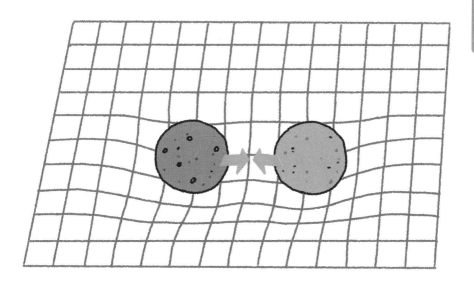

空間が曲がっているなんて, ちょっと実感がわきませんね。

アインシュタインは, 太陽のまわりを惑星たちが同じように楕円運動するのも, 太陽のまわりの空間が湾曲しているからだと考えました。
地球も木星も自分はまっすぐ進んでいるつもりだけれども, 空間が曲がっているので曲がってしまう。それをわれわれは, 力とよんでいるというわけです。

181

ふぅむ。

 ただし，アインシュタインが考えた一般相対性理論では，素粒子レベルのミクロな世界で重力についてうまく計算ができません。
そのため，重力がほんとうはどういうものなのかについては，実はまだよくわからない問題が含まれています。

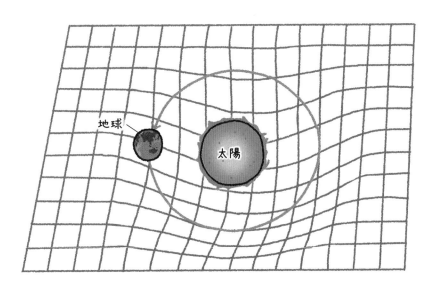

重力を伝えると考えられる重力子

 電磁気力は素粒子のやりとりで伝えられるっていうお話でした。
重力はちがうのですか？

 現在，四つの力のうち重力だけは，空間の曲がりという，まったく別の形で説明されています。でも，物理学者たちはこの現状に満足していません。
重力も素粒子の受け渡しで説明できるはずだと考えられています。

 それは，どんな素粒子なんでしょうか？

 重力を伝える素粒子を重力子といいます。
ただし，重力子はまだ発見されておらず，仮説の粒子ですが，存在するにちがいないと考えられています。

 じゃあ，もしかすると私の体からも重力子がたくさん出ていて，地球とやりとりしているのかもしれないんですね。

 そういうことになりますね。
でも，重力子は未発見ですし，それに理論的にも重力子のやりとりで重力を説明することがうまくできていません。
素粒子どうしにはたらく重力を重力子の受け渡しで計算しようとすると，処理できない無限大が計算に生じてしまい，意味のある答えが出せないのです。

それは，ほかの力では問題にならないんですか？

 力を素粒子の受け渡しで説明しようとして，答えに無限大が出てきてしまうという問題は，電磁気力などでも同様のことがおきます。

しかし**くりこみ**という計算手法を使うと，無限大をうまく処理して，実験結果と合う答えを出せることがわかっています。

 じゃあ，重力でもくりこみを使えばいいじゃないですか。

 重力では，くりこみの手法が使えないんです。

ですから素粒子レベルではたらく重力をどのようにあつかえばよいのか，素粒子理論における最先端の重要な課題です。

恒星

重力子

恒星

185

STEP 2

ミクロな世界ではたらく「強い力」と「弱い力」

素粒子がもたらす力には，ミクロな分野で発揮される「強い力」と「弱い力」があります。あまり聞きなれない，強い力と弱い力とはいったいどのような力なのでしょうか。

原子核の陽子と中性子は，なぜはなれないのか

ここからは四つの力のうち，あまり私たちになじみのない強い力と弱い力についてお話ししましょう。
電磁気力よりも強い力を強い力，電磁気力よりも弱い力を弱い力というんですよ。

そのまんま！
強い力と弱い力は，それぞれどんな力なんですか？

まずは強い力です。
強い力は陽子や中性子をつくりあげている力です。

どういうことですか？

1時間目にもお話しした通り，陽子と中性子は三つの素粒子でできています。たとえば陽子は，アップクォーク二つと，ダウンクォーク一つです。

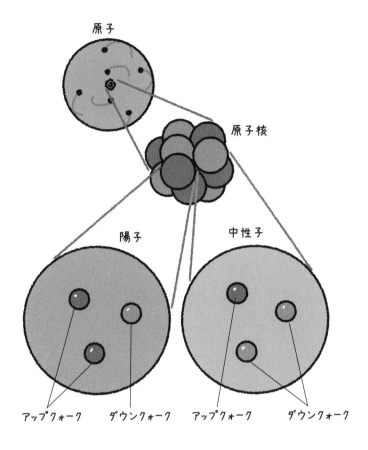

原子

原子核

陽子

中性子

アップクォーク　　　ダウンクォーク　　　アップクォーク　　　ダウンクォーク

　覚えてますよ！

　このうち，アップクォークは $+\dfrac{2}{3}$ の電気を帯びています。
一方のダウンクォークは，$-\dfrac{1}{3}$ の電気を帯びています。
これらの間には，電磁気力もはたらきますが，三つのクォークを結びつけておくには，電磁気力だけでは足りないんです。

　あらゆる力は素粒子が生む

　2　時間目

187

力が足りない？
じゃあ，どうやって三つのクォークは束ねられているんですか？

この三つのクォークを結びつけている力こそ，電磁気力の100倍も強い**強い力**なんです。

クォークどうしを結びつけるのが，強い力！

ええ。
この強い力によって，三つのクォークが結びつき，陽子や中性子が存在できるのです。強い力は，**グルーオン**という素粒子によって伝えられます。
グルーオンは，のりを意味する英語glueから名づけられました。

ということは，陽子や中性子の中のクォークは，グルーオンっていう素粒子をつねに吸ったり吐いたりしているってことなんでしょうか？

ええ，そうなんです。
陽子や中性子の中で，アップクォークやダウンクォークの間をグルーオンが行き来することで，クォーク間に強い力がはたらくと考えられています。

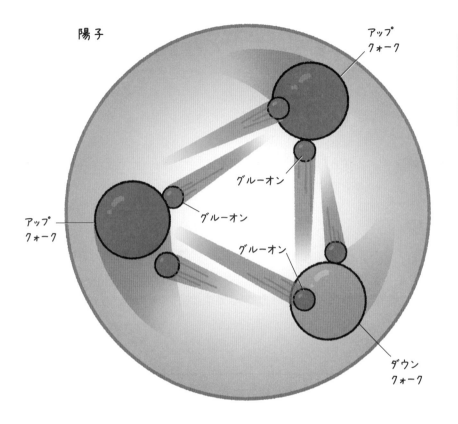

陽子

アップ
クォーク

アップ
クォーク

グルーオン

グルーオン

グルーオン

ダウン
クォーク

ふむふむ。
グルーオンによってクォークどうしを結びつけるのが，強
い力……。

グルーオンによる強い力は，まるで**ゴムひもやバネ**のような性質をしています。クォークどうしが遠ざかると強くなり，近づくと弱くなります。

陽子や中性子の中でクォークどうしが接近しているときは，強い力が小さく，クォークは自由に動けます。しかし，クォークを引きはなそうとすると，とたんに強い力が大きくなり，引きはなすことがむずかしくなるのです。

はなれるほど力が強くなるということは，重力や電磁気力とは逆ですね。

そうですね。
ちなみに，陽子や中性子の中のクォークを結びつけるだけでなく，**原子核の中で陽子と中性子を結びつけるのも，つきつめると強い力なんですよ。**

どういうことですか？

原子核はプラスの電気をもつ陽子と，電気をもたない中性子が結びついてできています。本来，陽子と中性子を束ねようとすると，陽子同士がプラスの電気で反発してばらばらになるはずですよね。でも，実際には原子核として存在できます。これが強い力のおかげなんです。

たしかによく考えると，陽子と中性子が集まっているのっておかしく思えますね。原子核の中で強い力はどうやってはたらいているんですか？

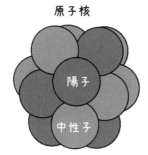

原子核

陽子

中性子

実際の原子核の中は，クオークとグルーオンの複合系で複雑ですが，近似として，陽子や中性子の間では，主に中間子という粒子が行き来していると考えると分かりやすいです。この中間子をやりとりすることで，陽子や中性子の間に引力がはたらくと考えるのです。1949年にノーベル賞をとった湯川秀樹博士の中間子論という考え方です。

ちゅうかんし？

中間子というのは，クォークと反クォークが強い力で結びついた粒子です。
ですからつきつめて考えると，原子核の中で陽子や中性子をまとめるのもグルーオンが行き来することではたらく強い力の一種ということになるんです。

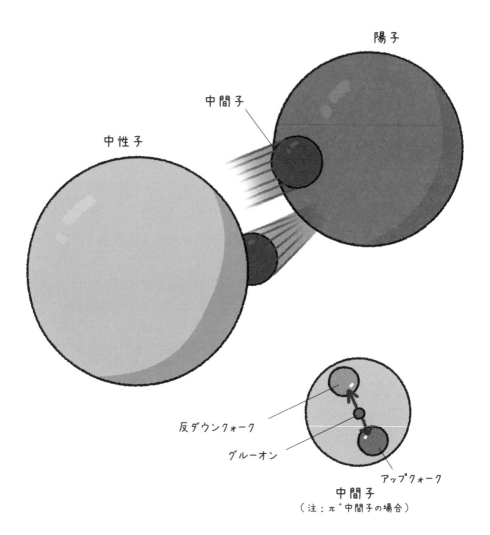

陽子

中間子

中性子

反ダウンクォーク

グルーオン

アップクォーク

中間子
（注：π^+中間子の場合）

クォークから放たれたグルーオンが見つかった

強い力を伝えるグルーオンが実際に発見されたのは**1979年**のことです。
当時，あらゆる力は，力を伝える素粒子によって伝えられると考えられており，グルーオンの存在も理論的に予言されていました。しかし力を伝える素粒子の中で実際に見つかっていたのは，**光子**だけでした。

グルーオンが本当に存在するなんて，どうしてわかったんでしょうか？

グルーオンは，ドイツ電子シンクロトロン研究所（DESY）の加速器PETRAで行われた実験で見つかりました。
この実験には，日本の素粒子物理国際センター（CEPP）のチームも参加していたんですよ。

どんな実験が行われたんですか？

PETRAでは，加速させた**電子**と**反電子**を衝突させる実験が行われました。
加速した電子と反電子を衝突させると，そのエネルギーから，**クォーク**と**反クォーク**が生まれます。
そして，誕生したクォークと反クォークは，崩壊しながら，さまざまな粒子の束として飛び出してきます。これを**ジェット**といいます。

ふむ。

このとき生まれたクォークから，グルーオンが放出される可能性が予言されていたんです。
加速器の中で誕生したクォークからグルーオンが放出された場合，クォークに由来するジェット，反クォークに由来するジェット，そしてグルーオンに由来するジェットの**3方向のジェット**が観測されるはずなんです。

クォークはグルーオンを吸ったり吐いたりしているんでしたね。

ええ，実際に1979年，PETRAで行われた電子と反電子の衝突実験で，グルーオンが存在することを示す3本のジェットがきれい観測されたのです。
これによって，グルーオンの存在が明らかになりました。

加速器内で観測されたジェットのイメージ

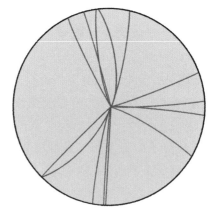

加速器の管の中央で電子と反電子が衝突したのち，クォークに由来するもの，反クォークに由来するもの，そしてグルーオンに由来するものの3方向のジェットが観測された。

陽子の質量の99％は，強い力によるエネルギー

 先ほど説明したように，陽子や中性子は三つのクォークが強い力によって結びついたものです。
ところが，おもしろいことに，三つのクォークの質量を足しても，陽子や中性子の質量にぜんぜん足りません。

 # どれくらい足りないんですか？

 アップクォークやダウンクォーク1個の質量は，陽子や中性子1個の質量のおよそ**1000分の1〜数百分の1**程度です。

 # 数百分の1！？
三つ集まったところで，まったく桁がちがうじゃないですか！

 そうなんです。
陽子や中性子1個に含まれるクォーク3個の質量を合計しても，陽子や中性子1個の質量のおよそ**数百分の1〜100分の1**程度にしかならないわけです。

 じゃあ，残りの質量はどこからきているんですか？

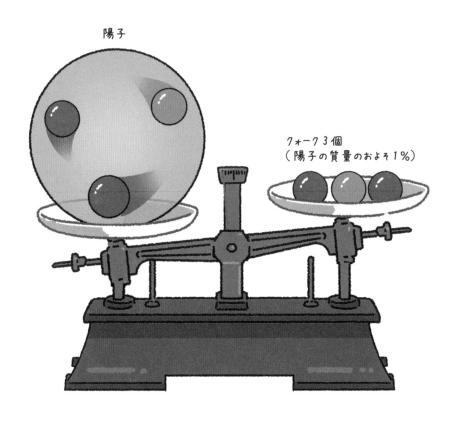

陽子

クォーク3個
（陽子の質量のおよそ1%）

それが，**強い力からくるエネルギー**です。

意味不明です！

1時間目に，$E = mc^2$ という式を紹介しましたね。
この式は，エネルギーと質量は本質的に同じものであるこ
とを示しています。

そのため，クォークどうしを結びつけている強い力に由来するエネルギーが，陽子や中性子の質量として見えているわけです。

どういうことですか？

陽子や中性子の中には，ビュンビュン飛んでいるクォークが閉じこめられています。ある意味で，クォークは檻の中に入っているわけです。
そのクォークを閉じこめているエネルギーが，強い力のエネルギーです。

ふむ。

また，檻の中に閉じこめられたクォークは，せまい空間に押しこめられるため，はげしく運動します。このクォークの運動のエネルギーも強い力からくるエネルギーと見ることができます。
これらのエネルギーが陽子や中性子の質量として見えているんです。

強い力のエネルギーなんていう得たいのしれないものが，陽子や中性子の質量ほとんどだなんて……。

原子を構成する要素のうち，電子はとても軽いため，物質の質量のほとんどは陽子や中性子の質量です。

たとえば，体重が50キログラムの人がいたとすると，この人の体重は，およそ0.5キログラムが**クォークの質量**，残りのおよそ49.5キログラムは**強い力からくるエネルギーを源にした質量**ということになります。

えぇー，私の体重のほとんどが，強い力によるエネルギー!?最近私の体重が増えたのは，強い力のせいだったんですね！

……。

「弱い力」は元素の種類を変える力

最後に紹介する力は**弱い力**です。
弱い力は，強い力と同じように，原子核よりも小さい，**ミクロの世界**ではたらく力です。
弱い力は，ずばり，**粒子の性質を変える力**です。

粒子の性質を変える？
どういうことですか？

原子核の中には，不安定で，時間がたつと自然にこわれてしまうものがあります。
たとえば，**炭素14**という原子の原子核は，時間がたつと放射線を出して，**窒素14**に変わることがあります。
この現象を**ベータ崩壊**といい，このベータ崩壊を引きおこすのが，**弱い力**なんです。

ベータ崩壊って以前出てきましたよね。
たしかベータ線を出して，粒子が変化するんだったような。

そうです。
炭素14の場合，原子核の中の中性子の一つが陽子へと変化して，窒素14の原子核になります。この変化をおこすのが弱い力なんです。

中性子を陽子に変化させるのが，弱い力ってことですか。
なんか弱い力ってつかみどころがなくて，力っぽくないですね。

素粒子物理学の世界では，粒子の変化を引きおこすものも力とよんでいるんですよ。
弱い力は，ウィークボソンとよばれる素粒子によって伝えられます。

ウィークボソンには，プラスの電気を帯びたW^+粒子，マイナスの電気を帯びたW^-粒子，電気的に中性のZ粒子の3種類があります。
このうち，炭素14のベータ崩壊には，W^-粒子がかかわっています。

W^-粒子はどこに登場するんですか？

中性子の中には，**ダウンクォーク**があります。
ベータ崩壊の際，炭素14の中性子の中のダウンクォークの一つが，アップクォークとW^-粒子になるんです。すると，中性子はアップクォークを二つもつことになり，陽子に変化します。

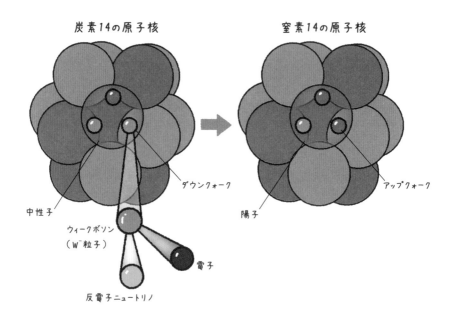

炭素14の原子核　　　　　　　　　　　窒素14の原子核

ダウンクォーク

アップクォーク

中性子

陽子

ウィークボソン
（W^-粒子）

電子

反電子ニュートリノ

一方，W^-粒子は，すぐさま電子と反電子ニュートリノに変わります。このW^-粒子はごく一瞬しか存在しないので，観測することはできません。

W^-粒子は，電子から出ている光子と同じことですね？

そういうことです。

ちなみに，少し脱線しますが，炭素14のベータ崩壊は，化石などの**年代測定**に使われます。生物が生きている間は，炭素14と窒素14の割合は，一定に保たれています。しかし，その生物が死ぬと，炭素14が崩壊して，どんどん窒素14の割合が増えてきます。炭素14が発掘された物の中にどれだけの割合残っているかを調べることで，死んでからどれくらいの時間がたったのかをはかることができるんです。

ニュートリノは弱い力で変身する

ベータ崩壊のほかにも，弱い力がはたらく例を紹介しましょう。東京大学特別栄誉教授の**小柴昌俊博士**（1926～2020）が，**カミオカンデで反電子ニュートリノ**を観測した例です。

カミオカンデ？

カミオカンデは，ニュートリノをとらえる観測装置で，岐阜県の神岡鉱山地下に設置されていました。
装置は**純水3000トン**をたくわえた巨大な水槽と，水槽内壁に配置された**光検出器**で構成されていました。

3000トンの水!?
そこで，そのカミオカンデが反電子ニュートリノを観測したと。

そうです。1987年2月，カミオカンデで，重い恒星の最期におきる大爆発**超新星爆発**で放出された**反電子ニュートリノ**が，世界ではじめて観測されました。
反電子ニュートリノが水中で反電子に変化し，その反電子が水中で放った光を光検出器がとらえたのです。

その反応のどこに弱い力がはたらいたんですか？

反電子ニュートリノを**反電子**に変えたのが，弱い力だったんです。
反電子ニュートリノが水分子に接近した際，反電子ニュートリノから，水分子の陽子に**W⁻粒子**が渡されて，反電子ニュートリノは反電子に変わります。
このとき，水分子の中の陽子は，W⁻粒子を受け取って**中性子**に変わります。

やっぱり，ウィークボソンが登場するんですね。
それにしても，水を3000トンも使うなんてすごいですね。

ニュートリノの仲間は，電磁気力や強い力の影響を受けません。また，弱い力は遠くまで届かず，ごくごく近い距離でしかはたらかない力です。
ですから，反電子ニュートリノは水分子とまれにしか反応しないんです。つまり，反電子ニュートリノを観測するためには，水分子を増やして，衝突する確率をあげておく必要があったわけです。

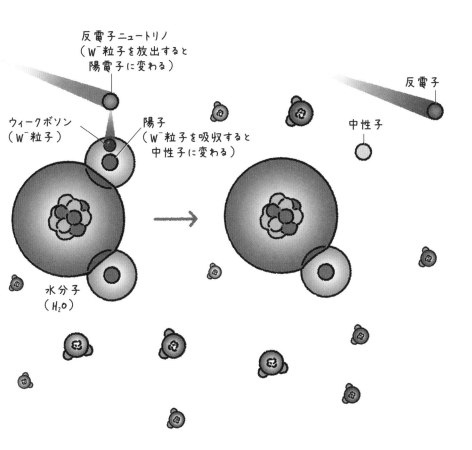

反電子ニュートリノ
（W⁻粒子を放出すると
陽電子に変わる）

反電子

ウィークボソン
（W⁻粒子）

陽子
（W⁻粒子を吸収すると
中性子に変わる）

中性子

水分子
（H₂O）

太陽が燃えるのには弱い力が必要

 太陽が"燃える"のも，弱い力のおかげです。

 太陽の輝きも，弱い力が関係しているんですか？

はい。

太陽は，内部でおきる**核融合反応**によって輝いています。
核融合とは，別々の原子核が融合して，新しい原子核と膨大なエネルギーを生む反応のことです。
太陽の場合は，主に**水素**の核融合反応がおきています。

太陽の核融合反応で，弱い力は，どう関係しているんですか？

太陽の中心部でおきる核融合反応では，4個の水素原子核から1個のヘリウム原子核ができます。

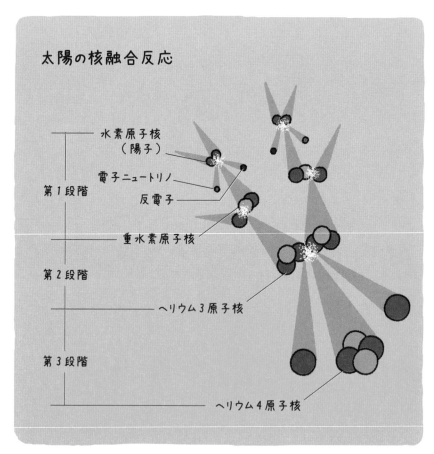

太陽の核融合反応

水素原子核
（陽子）

電子ニュートリノ

反電子

重水素原子核

第1段階

第2段階

ヘリウム3原子核

第3段階

ヘリウム4原子核

この反応は，三つの段階に分けられます。このうち，弱い力がはたらくのは，第1段階で陽子1個からなる水素の原子核が2個近づいた瞬間です。

水素の原子核どうしが近づくと，何がおきるんでしょうか？

次のページのイラストを見てください。2個の水素原子核のうち，片方の陽子の中の**アップクォーク**が，**ダウンクォーク**と**W⁺粒子**になり，**陽子**が**中性子**に変わります。そしてすぐにもう一方の陽子と強い力で結合して，**重水素の原子核**ができるのです。
W⁺粒子はすぐにこわれて，電子ニュートリノと陽電子に変わります。

水素の原子核二つから，重水素の原子核が一つできるんですね。

そういうことです。
ただし，陽子1個だけでは，中性子に変化する反応は基本的におきません。本来，陽子よりも中性子の方がエネルギーが高く，不安定なんです。

ん？　じゃあ，どうして太陽では，水素原子核の一つが中性子に変わるんですか？

陽子と中性子が結合してできる重水素の原子核の質量が，もともとの陽子2個の合計の質量よりも軽くなるからです。

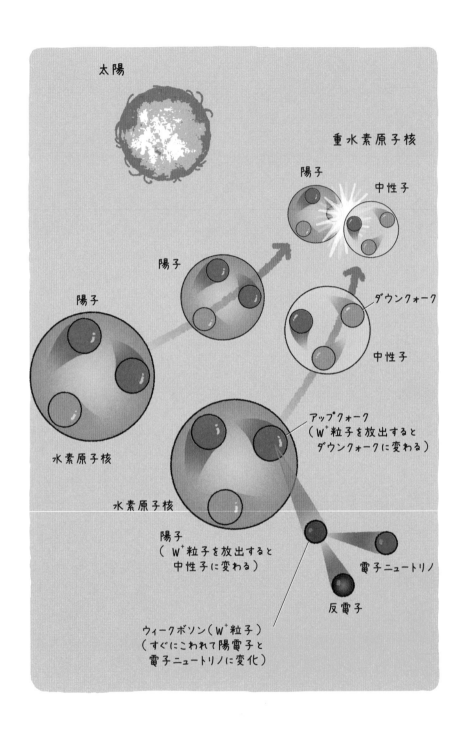

太陽

重水素原子核

陽子

中性子

陽子

ダウンクォーク

中性子

陽子

水素原子核

アップクォーク
（W⁺粒子を放出すると
ダウンクォークに変わる）

水素原子核

陽子
（ W⁺粒子を放出すると
中性子に変わる）

電子ニュートリノ

反電子

ウィークボソン（W⁺粒子）
（すぐにこわれて陽電子と
電子ニュートリノに変化）

この現象は, **質量欠損**といいます。
軽くなるということはエネルギーが下がるということなので, 陽子が中性子に変われるのです。

ほぅ。

最終的に太陽の核融合反応でできるヘリウムの原子核の質量は, もともとの陽子4個の合計の質量よりも, およそ0.7％軽くなります。
このなくなった0.7％の質量が, $E = m c^2$ によって, 太陽の光輝くエネルギーとなるのです。

ふむふむ。
そういえば, 太陽の燃料ってつきることはないんですか？

いずれは, 燃料としている水素がなくなるでしょう。
ただし, 太陽は現在約46億歳で, その寿命はまだ60億年ほども残っています。いうなれば, 現在の太陽は働き盛りの**壮年**です。
太陽の核融合反応がこれほど長い時間をかけて行われるのは, **弱い力**が弱く, 核融合反応の第1段階で, 水素の原子核の陽子がなかなか中性子に変わらないためです。

弱い力は弱いから, 太陽は一気に燃え尽きずに, ちょっとずつ燃えていられるんですね。

そういうことです。

重いウィークボソンの観測に成功

弱い力を伝える**ウィークボソン**はいつごろ見つかったんですか？

弱い力を伝えるウィークボソンの存在は，1930年代に理論的に予言されていました。

しかし，ウィークボソンの質量は，陽子の**約100倍**もあります。

重い粒子を加速器で生み出すには，大きなエネルギーが必要で，1970年代までそれほどのエネルギーを実現する加速器はなく，ウィークボソンを見つけることはできていませんでした。

えー，じゃあ，ウィークボソンはどうやって見つかったんですか？

そこで登場するのが，イタリア生まれの物理学者，**カルロ・ルビア**（1934〜　）です。

ルビアはウィークボソンを生み出すためには，大型の加速器で**陽子**と**反陽子**を衝突させる必要があると考えました。そこで，ルビアは陽子と反陽子を衝突させられる加速器の必要性を説き，CERNで加速器の製作を指揮します。

加速器をつくるところからなんですね。

ええ。でも，陽子と反陽子の衝突実験を行うには，一つ技術的な難点がありました。

それは**反陽子の調達**です。

反陽子？

反陽子は陽子の反粒子で，自然界には存在しません。
しかし，ウィークボソンを約10個つくるには，**約10億回**，陽子と反陽子を衝突させる必要があると考えられていました。そのため大量の反陽子をつくり，それを高密度に詰め込んで，陽子と衝突させる必要があります。この技術が確立していなかったんです。

うぅむ。むずかしそうですね。

これを実現する方法を考案したのが，サイモン・ヴァン・デル・メール（1925〜2011）です。
これにより，1981年から加速器Spp̄Sで陽子と反陽子を衝突させる実験がはじまりました。

ウィークボソンは見つかったんですか？

はい，見つかりました。
1981年1月にW粒子が，そしてその**2か月後にZ粒子**が観測されたのです。

おー，たてつづけに！
やった！

そして発見から間もない**1984年**，この業績を称えられてルビアとメールは**ノーベル物理学賞**を受賞しています。

すごい！

さらに1989年，ルビアはCERNの所長になっていました。このとき稼働をはじめたCERNの加速器**LEP**では，W粒子とZ粒子を大量に発生させて，それらをくわしく観測できるようになりました。

LEP？

LEPは，CERNがほこった世界最大・最高エネルギーの，**電子**と**反電子**を衝突させるタイプの加速器でした。現在稼働しているLHCの前身ともいえる加速器で，LHCはLEPがあった地下トンネルに設置されています。ここでウィークボソンの振る舞いがくわしく調べられたのです。

LEPでは，たくさんのウィークボソンをつくれるようになったんですね。

そうです。
このLEPの実験によって，1989年から2000年にかけて，現在の素粒子物理学の基盤となっている**標準理論**という理論の正しさが，徹底的に検証されました。
これによって，標準理論はきわめて高い精度で，自然界の現象をうまく記述できていることが確かめられたんです。

素粒子のふるまいを説明する標準理論

標準理論って何ですか？

標準理論というのは，素粒子のふるまいを記述する理論です。さまざまな素粒子のふるまいを，ここまで説明してきた**電磁気力，弱い力，強い力**の作用で説明します。素粒子は，この自然界の**根源**なわけですから，素粒子の振る舞いを記述する標準理論は，原理的にはこの宇宙のさまざまな現象を説明する理論だといえます。標準理論は，標準模型や，標準モデルとよばれることもあります。

すごい理論なんですね。

そうですよ。今の素粒子の標準理論は，宇宙開びゃくから10^{-13}秒以降の自然界を**とても高い精度**で記述することに成功した理論です。**20世紀の物理学の金字塔**ともいえる驚異的な理論なんですよ。少しむずかしいかもしれませんが，ここからは，この標準理論がいかにしてつくられたのかを説明しましょう。

よろしくお願いします！

まず，素粒子のふるまいを記述する標準理論をつくる中で，物理学者たちが重視した考え方があります。それが，**対称性**です。

たいしょうせい？

対称性というのは，ものすごく簡単に説明すると**「立場がちがっても同じ物理法則が成り立つ」**という考え方です。たとえば，東京でボールを投げても，大阪でボールを投げても，どちらのボールもまったく同じ運動をするでしょう。つまり，並行移動させても，ボールにはまったく同じ物理法則が成り立つわけです。これを**並進対称性**といいます。また，ボールを北向きに投げても，東向きに投げても，やはり運動は変わりません。これを**回転対称性**といいます。

は，はぁ。とにかく立場を変えても，同じ現象が同じようにおきるってことですか。なんとなく**当たり前**のような気がしますね。

ははは，そうですね。
物理学者たちも，素粒子を記述する物理法則はあらゆる対称性をそなえているはずだと考えたんです。
標準理論の出発点となったのは，電子のふるまいを説明するために1928年につくられた**ディラック方程式**です。ディラック方程式をつくりあげるために，ディラックは**ローレンツ対称性**という考え方を用いました。

ろーれんつたいしょうせい？

ここからの対称性はちょっとむずかしいので，雰囲気だけつかんでもらえればと思います。
ローレンツ対称性というのは，アインシュタインの**特殊相対性理論**という理論を考慮したときに必要になる対称性です。特殊相対性理論では，**時間**と**空間**を同一のものとしてみなします。

ローレンツ対称性というのは，時間と空間を入れ替えても同じ物理法則が成り立つ，という対称性です。

むずかしい！

まぁ，ともかくこの対称性を取り入れることで，ディラック方程式は，電子を含めた**物質を形づくる素粒子**の性質をきれいに説明することに成功したんです。

おー，1時間目に登場した物質を形づくる素粒子ですね。

さらにその後，ローレンツ対称性とは別の**新たな対称性**を取り入れることで，素粒子にはたらく**力**を説明する理論の構築がはじまります。
その新しい対称性が，**ゲージ対称性**です。

げーじたいしょうせい？

数式をつかわずにゲージ対称性を説明するのはとても困難なのですが，ごくごく簡単に概念だけを説明すると，回転対称性に似ています。**ゲージとよばれる直接は見えない「角度」が時空の各点で定まっていて，これを回転させても（ゲージ変換しても）物理法則は変わらないとするものです。**標準理論で最も重要とされる対称性です。

そんな訳のわからない対称性が役に立つんですか？

実は，ゲージ対称性の考え方を取り入れると，素粒子にはたらく力がどういうものになるべきなのかが，大きく決まってしまうのです。

古典的にもよく知られる電磁気力は，実はゲージ変換で不変でした。逆に，電荷の間にはたらく力に，ゲージ変換に対する不変性を要請すると，電磁気力の法則が導かれることが分かったのです。電磁気力におけるゲージ対称性の考えは，のちの素粒子の標準理論の基礎であるゲージ理論のひな形になっているのです。

へぇー，対称性を要請することで，「力」のあり方の法則が決まってしまう。まさに，逆転の発想ですね。

はい，ゲージ対称性は，力の法則を導き出す決め手となるんです。

さらに1954年には，ゲージ対称性を拡張する考え方が楊振寧（ヤン・チェンニン）博士と，ロバート・ミルズ博士によって提案されました。この発展したゲージ対称性の考え方により，**強い力**と**弱い力**もうまく数式としてあらわすことに成功しました。こうして，素粒子の理論が，三つの力の作用を取り入れることに成功したのです。

それで標準理論が完成したわけですね！

いいえ，残念ながらまだ完成とはいきませんでした。
きわめて重要な問題に突き当たってしまったんです。
ここまでの理論はゲージ対称性にもとづいていたわけですが，そのまま計算するとあらゆる素粒子の質量が0になってしまったのです。

素粒子の質量って0じゃだめなんですか？

光子の質量は0であるということはわかっていましたが，電子やクォークなどは質量をもつはずです。
そうでなければ，電子やクォークはものすごいスピードで飛び回ることになり，原子として存在できず，原子は素粒子レベルにばらばらになってしまうはずなんです。でも，ゲージ対称性にもとづくと，素粒子の質量は0でなければなりません。なぜ実際の素粒子が質量をもつのか，大きな謎だったんです。

この問題はどうやって解決されたのでしょうか？

この問題を解決したのは，**南部陽一郎博士**です。
南部博士は1960年に**対称性の自発的破れ**という理論によって，質量が生まれるしくみを発表したのです。

なん ぶ ようい ちろう
南部 陽一郎
（1921〜2015）

これまたむずかしそう。
どんな理論なんでしょうか？

この宇宙がはじまったころ，たしかに**ゲージ対称性**は保たれていました。**でも，そのあとで，宇宙が膨張してエネルギーが低い状態になると，空間の状態が自然に変化して，対称性が破れることがおきえたと南部博士は考えました。**はじめにあったこの宇宙の対称性が勝手に破れることで，素粒子は質量を獲得したというのです。

うーむ，むずかしいですね。

たとえば，先端がとがった鉛筆をまっすぐ立てることを考えてみましょう。鉛筆がまっすぐ立った状態はどこから見ても同じに見えますから対称性が保たれているといえます。しかし，どれだけがんばってバランスをとっても，すぐに立てた鉛筆は必ずどちらかの向きに倒れてしまいます。すなわち対称性は破れることになります。これと同じようなことが宇宙でおきたと考えるわけです。

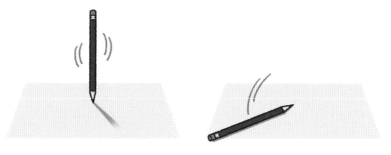

うーむ，わかったような，わからないような。

さらにこの南部の理論を踏まえて質量が生まれるしくみを説明したのが「ヒッグス機構」という理論です。

この理論については3時間目にくわしくお話ししますが，宇宙が冷えてくると，あるときに空間の状態が変わり，ヒッグス粒子という素粒子が宇宙空間に満ちました。それまで質量をもっていなかった素粒子は，このヒッグス粒子とぶつかるために高速で飛び回れなくなった，すなわち質量を獲得したと考えるのです。

とんでもない理論ですね。
そんなこと本当におきたんでしょうか？

ま，その辺りは3時間目のお楽しみということで。
とにかく南部博士の「対称性の自発的破れ」や，「ヒッグス機構」によって素粒子が質量をもったしくみを理論的に説明することができるようになりました。
このヒッグス粒子の存在をあらわす数式を加えることで，1970年代についに標準理論が完成したのです。
そして先ほど説明したようにLEPでの検証で，標準理論はさまざまな実験結果ときわめて高い精度で一致することが確かめられたんですよ。

素粒子物理学のゴールって感じですね！

いえいえ，標準理論はものすごい理論であることにはちがいありませんが，解決できない問題も見つかっています。現在は標準理論をこえる理論の探求が進められています。先ほど説明したように，標準理論は宇宙開びゃくから 10^{-13} 秒以降しか記述できません。なので，標準理論を超えた素粒子の探求は，宇宙のはじまりの探求でもあるのです。

STEP 3
物理学の目標
「四つの力の統一」

物理学者たちは四つの力を統一する究極の理論の発見を夢見ています。力の統一の歴史と，究極の理論の最有力候補について見ていきましょう。

物理学の歴史は力の統一の歴史

自然界のいろんな現象が，たった四つの力で説明できるなんて，おどろきですね。

そうでしょう。てんでばらばらに見える現象を，できるだけ数少ない基本的な力で説明しようとしてたどりついたのが四つの力です。
ところが物理学者たちはこれで満足していません。四つの力をも統一して，最終的には一つの力だけで説明してしまいたいというのが究極の目標です。

力を統一する？
いったいどういうことなんでしょうか？

たとえば，ニュートンの万有引力の法則も力の統一の例だといえるでしょう。

どういうことですか？

 昔の人は，地上でリンゴが木から落ちるということと，月が地球のまわりをまわっていることを，まったく別の現象だと思っていました。

それをニュートンは，実は同じ現象だと見抜いて，万有引力の法則をつくりました。これは**地上の世界**と**天上の世界**を統一したのです。

月

重力

地球

そういわれてみれば，そうですね。

 さらに，惑星の公転軌道や大砲の弾道，人工衛星の軌道など，すべて万有引力の法則で説明できるようになりました。このように，少ない決まりごとで自然現象を説明しようとして，物理学は進歩してきたわけです。

 なるほど〜。

 ニュートンが地上の世界と天上の世界を統一したように，**電気**と**磁気**を統一したのが**マクスウェル**です。
彼は電気と磁気が本質的に同じものであることを見抜き，**電磁気学**をつくったのです。

 そうでした！

マウスウェルが打ち立てた電磁気学の理論は，その後，ミクロな世界を解き明かす量子力学の理論などと結びつき，**量子電気力学**という理論が誕生しました。
これが四つの力のうち，**電磁気力**を説明する理論です。

 たしか，身のまわりの力はほとんどすべて電磁気力で説明できるんでしたよね。

 そうです。重力以外の身近な力はすべて電磁気力の複雑なあらわれだといえるでしょう。
バットでボールを打つのも，棚を手で押すのも，すべて原子同士にはたらく電磁気力が大もとになっているのです。

一見ことなるように見えるいろんな力を統一して理解できるようになったわけですね。それで，電磁気力，重力，強い力，弱い力の四つにたどりついたと。

そうです。
でもここで終わりではありません。
1967年に，電磁気力と弱い力を統一的に理解する理論が完成しました。
それが電弱統一理論です。

ほぉ！　すでに電磁気力と弱い力は統一に成功していたんですね。

そうなんです。
この理論によると，電磁気力と弱い力は本質的に同じ力だということになります。

ただ，両者は，力を伝える素粒子の**重さ**がちがいます。これが，力がどのくらい遠くまではたらくか，といったちがいを生んでいるとされます。

電磁気力と弱い力で，力を伝える素粒子の重さってどれくらいちがうんですか？

電磁気力を伝える**光子**の重さは**ゼロ**ですが，弱い力を伝える**ウィークボソン**は陽子の90〜100倍の重さをもちます。
弱い力を伝える素粒子は重いため，電磁気力にくらべると遠くまで力がはたらかないのだと考えられています。

四つの力の統一が究極の目標

電弱統一理論は，標準理論を構成する重要な理論の一つです。

ほかの二つの力は統一されていないんですか？

はい，そうなんです。
標準理論で力の統一が実現しているのは，電弱統一理論までです。**強い力については，標準理論に含まれていますが，電弱統一理論との統一はまだ成功していません。**

一方，重力はそもそも標準理論には含まれていません。重力を伝えると考えられる**重力子**も未発見です。素粒子は軽いため重力の影響はさほど大きくありませんが，標準理論で重力をあつかえないことは大きな課題だといえます。

ふぅむ。
重力ってめっちゃ厄介なやつなんですね。

そうなんです。
でも，電磁気力と弱い力，そして強い力の三つを統一しようとする大統一理論という理論が1974年に提唱されています。ただし，大統一理論の正しさはまだ実証されていません。

おー，もう三つの力を統一する理論の候補がすでにあるんですね！
じゃあ，重力まで統一する理論の候補はまだないんですか？

ありますよ。
重力を含めた四つの力を統一する理論として有力視されているのが，**超ひも理論**です。

あとでくわしくお話ししますが，超ひも理論というのは，素粒子が点ではなく，**ひも**だと考える理論です。超ひも理論は**未完成**で，今も研究が進められています。

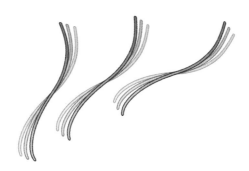

超ひも理論は，力の統一の旅の**最終地点**なのかもしれないわけですね。

そうですね。
四つの力の統一は，この**宇宙の成り立ち**を考えるうえでも重要だと考えられています。ですから，物理学者たちはがんばって研究を進めています。

宇宙の成り立ち？
力の統一と宇宙に何か関係があるんですか？

実は，この宇宙が誕生した直後，四つの力は区別できなかったと考えられているんです。
それが，時間がたつのにともない，枝分かれし，最終的に四つの力が生まれたと考えられているんです。

え，四つの力は元はたった一つの力だったってことですか？

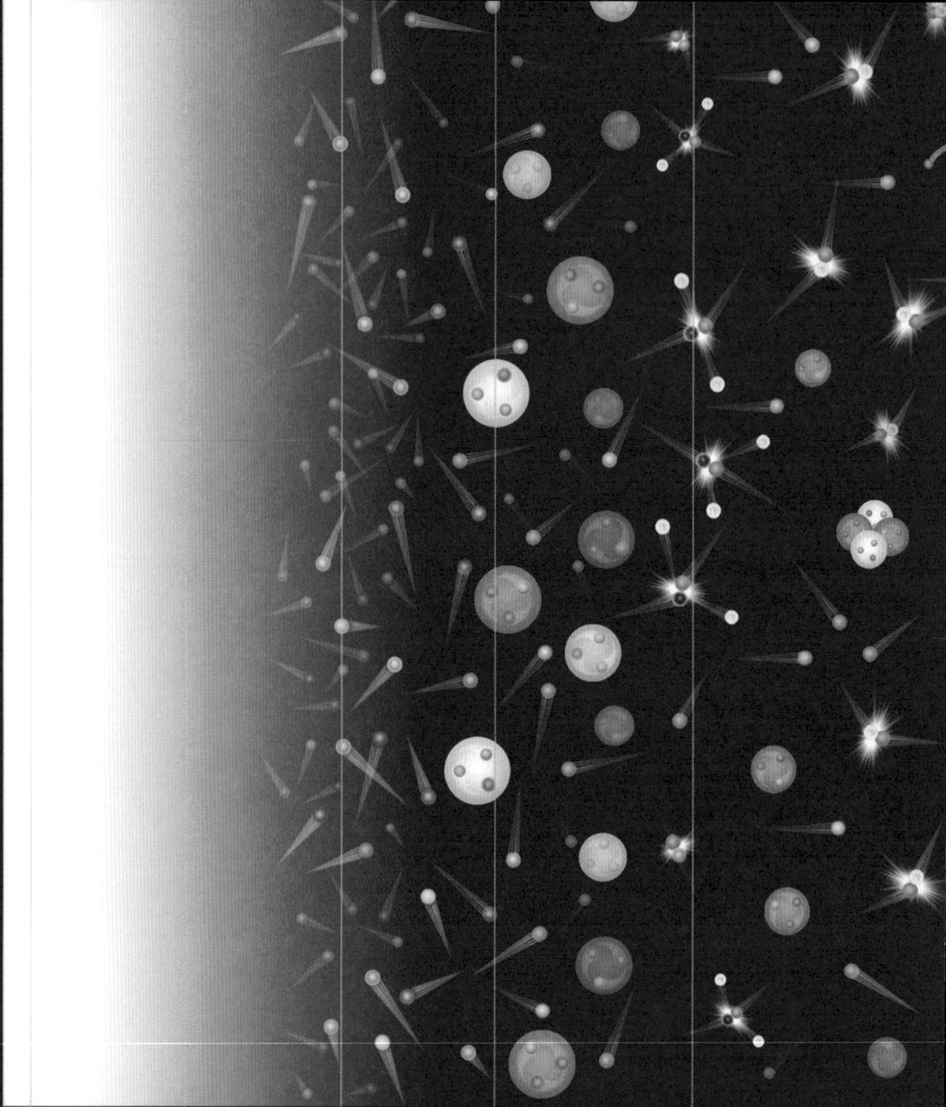

10^{43}秒後
重力が区別で
きるようになっ
た。

10^{40}秒後
強い力が区別
できるようにな
った。

10^{12}秒後
電磁気力と弱
い力が区別で
きるようになっ
た。

10^{5}秒後
クォークが集まっ
て、陽子(水
素の原子核)と
中性子が生まれ
た。

1〜100秒後
電子と陽電子の対消
滅による減少、重水
素の原子核やヘリウム
の原子核の形成など
がおきた。

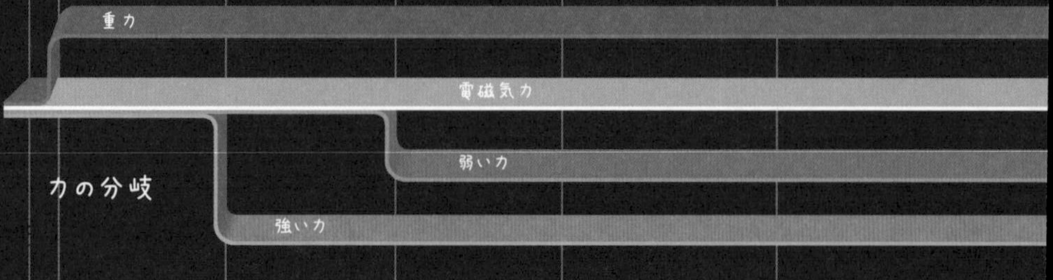

重力

電磁気力

弱い力

力の分岐

強い力

37万年後
電子が、水素や重水素、ヘリウムの原子核にとらえられて、原子ができた。宇宙の晴れ上がり（光子と電子が衝突しなくなること）がおきた。

3億年後
最初の星が輝きはじめた。

5億年後まで
原始の銀河が合体しながら成長した。

12億年後
現在のような銀河の大規模構造がつくられた。

62億年後
宇宙の膨張が減速膨張から加速膨張に転じた。

138億年後
（現在）
網の目のような銀河の大規模構造が多数形成されている。

そうです。宇宙は今から138億年前に誕生しました。
宇宙はこれまで膨張をつづけてきたと考えられていますから，歴史を過去にさかのぼるほど宇宙は小さく，高温度・高密度だったことになります。
ですから，誕生直後の宇宙は，超高温・超高密度だったはずです。そのとき四つの力は区別できなかったと考えられているんです。

じゃあ，いつ四つの力に分かれたんですか？

まず，宇宙誕生から10^{-43}秒後に，重力が分岐しました。次に，10^{-40}秒後に強い力が分岐します。そして最後に10^{-12}秒後に電磁気力と弱い力が分かれました。

めっちゃ一瞬ですね。
ともかく四つの力は順に分岐していったんですね。

そうなんです。
物理学者たちによる力の統一理論の研究は，電磁気力と弱い力，次に強い力，最後に重力と，力の分岐の歴史を逆にたどるように進んでいることになります。
現在，電弱統一理論で，電磁気力と弱い力を一つの理論で統一することに成功しています。
電弱統一理論は，電磁気力と弱い力の区別がつかなかったころの，初期の宇宙のようすを知るための手がかりとなっています。

ということは，強い力を統一する大統一理論や，さらに重力も統一する超ひも理論が完成すれば，もっと初期の宇宙を知ることができるってことですか？

 はい，その通りです。

力の統一は，誕生直後の宇宙のようすを知るうえでもとても重要だといえます。

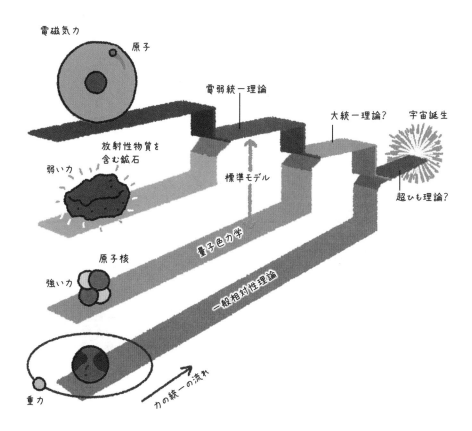

電磁気力

原子

電弱統一理論

大統一理論？

宇宙誕生

放射性物質を含む鉱石

弱い力

標準モデル

超ひも理論？

量子色力学

原子核

強い力

一般相対性理論

重力

力の統一の流れ

力の統一の歴史

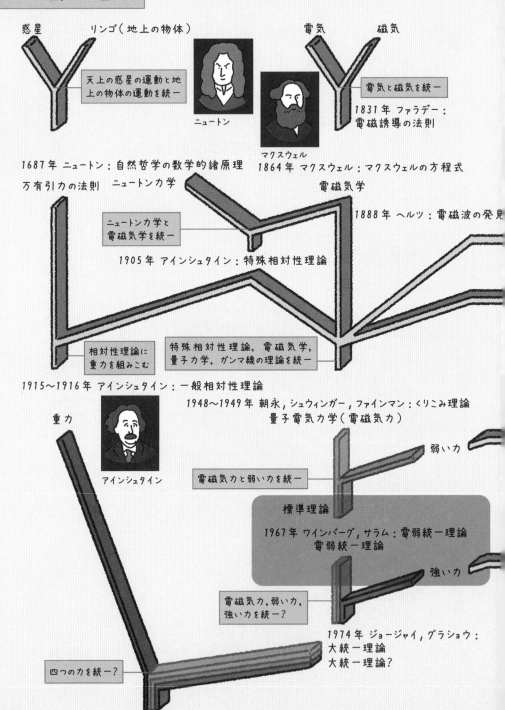

惑星　　リンゴ（地上の物体）

天上の惑星の運動と地
上の物体の運動を統一

ニュートン

1687年 ニュートン：自然哲学の数学的諸原理
万有引力の法則　ニュートン力学

電気　　磁気

電気と磁気を統一

1831年 ファラデー：
電磁誘導の法則

マクスウェル
1864年 マクスウェル：マクスウェルの方程式
電磁気学

ニュートン力学と
電磁気学を統一

1905年 アインシュタイン：特殊相対性理論

1888年 ヘルツ：電磁波の発見

相対性理論に
重力を組みこむ

特殊相対性理論，電磁気学，
量子力学，ガンマ線の理論を統一

1915〜1916年 アインシュタイン：一般相対性理論

1948〜1949年 朝永，シュウィンガー，ファインマン：くりこみ理論
量子電気力学（電磁気力）

重力

アインシュタイン

弱い力

電磁気力と弱い力を統一

標準理論
1967年 ワインバーグ，サラム：電弱統一理論
電弱統一理論

強い力

電磁気力，弱い力，
強い力を統一？

1974年 ジョージャイ，グラショウ：
大統一理論
大統一理論？

四つの力を統一？

230

1984年 グリーン，シュワルツ：超ひも理論
超ひも理論？

原子

1869年 1871年 メンデレーエフ：元素の周期律表
1897年 トムソン：電子の発見
1905年 アインシュタイン：光量子仮説
1911年 ラザフォード：原子核の発見
1913年 ボーア：ボーアの原子模型

1925年 ド・ブロイ：物質波
量子力学

ガンマ線（電磁波）

1926年 シュレーディンガー：
波動方程式

1900年 ヴィラール：ガンマ線を発見

1927年 ハイゼンベルグ：
不確定性関係

1903年 ラザフォード：ガンマ線と命名

ベータ線（電子）

1898年 ラザフォード：ベータ線を発見

1930年 パウリ：ニュートリノの存在を理論的に予言
1934年 フェルミ：ベータ線の理論（弱い力の理論の基礎）
1953年 ヤン，ミルズ：ヤンーミルズ理論
1957年 リー，ヤン，ウー：パリティ対称性の破れの発見

アルファ線（ヘリウムの原子核）

1898年 ラザフォード：アルファ線を発見

1935年 湯川：中間子理論（中間子を理論的に予言）
1953年 ヤン，ミルズ：ヤンーミルズ理論
1973年 グロス，ポリツァー，ウィルチェック：強い力の漸近的自由性

万物の理論の最有力候補「超ひも理論」

 2時間目の最後に，四つの力を統一するかもしれない**超ひも理論**について，少しお話ししておきましょう。

 お願いします！

 ひとことでいえば，超ひも理論とは，素粒子は，大きさをもたない**点**ではなく，**ひも（弦）**だと考える理論です。

どういうことです？
今まで素粒子って球のようなイメージをもっていたのに，突然「ひもだ！」なんて。

 物理学の世界では，従来，素粒子は**大きさのない点**だと考えてきました。そうして構築されたのが**標準理論**です。でも，素粒子が点だとイラストにえがけないので，この本では，球であらわしています。

 それが超ひも理論では，ひもだって考えるわけですか？ひもって，細長いひもってことですよね。

その通りです。

超ひも理論では，素粒子を**長さをもつひも**だと考えます。そう考えると，素粒子物理学のいろんな問題を解決できそうなんです。

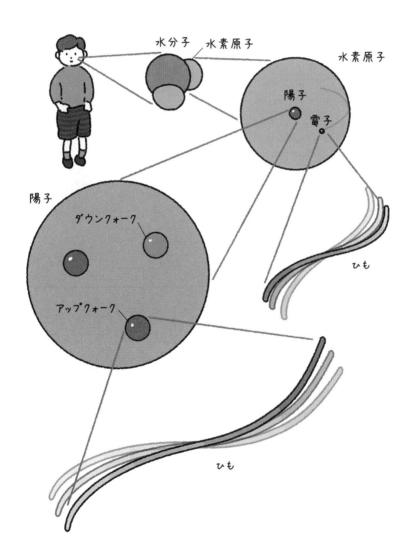

水分子　水素原子

水素原子

陽子

電子

ひも

陽子

ダウンクォーク

アップクォーク

ひも

ひょえー。
どの素粒子もひもなんですか？
たとえば，光子なんかも？

ええ，光の素粒子である光子も超ひも理論ではひもだと考えます。

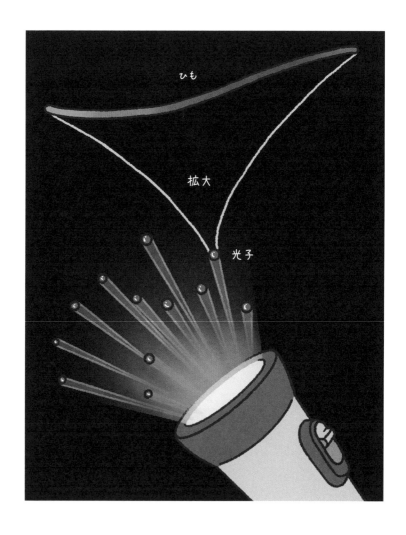

素粒子の正体がひもといわれても……。
超ひも理論のひもってどういうものなんですか？

 超ひも理論におけるひもには，太さはありません。
でも長さはあります。ひもの長さはおよそ10^{-35}メートルです。

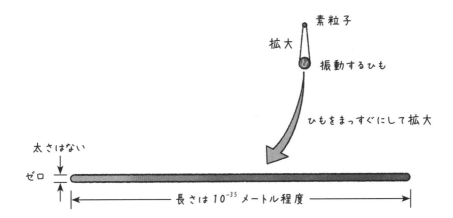

拡大

素粒子

振動するひも

ひもをまっすぐにして拡大

太さはない

ゼロ

長さは10^{-35}メートル程度

 10^{-35}メートルって，全然想像ができないんですけど……。

 原子の大きさが10^{-10}メートルほどで，その中の原子核の大きさは10^{-15}メートルほどです。なので，ひもは原子核の大きさの1000兆分の1の，さらに10万分の1くらいの大きさということになります。
原子とひもをくらべるのは，天の川銀河とゾウリムシを比べるのと同じくらいになります。

235

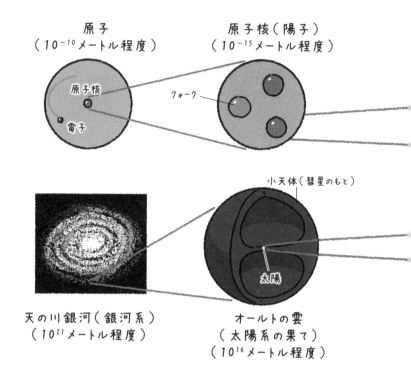

原子
（10^{-10}メートル程度）

原子核（陽子）
（10^{-15}メートル程度）

原子核

電子

クォーク

小天体（彗星のもと）

太陽

天の川銀河（銀河系）
（10^{21}メートル程度）

オールトの雲
（太陽系の果て）
（10^{16}メートル程度）

  ちっちゃすぎ！

ひもは伸び縮みしますが，ゴムひものようなものとはちがいます。ゴムの場合，両端を引っ張ると，伸びるにつれて張力（引きもどそうとする力）が強くなるため，だんだん伸びにくくなります。

ですが，ひもは，張力がつねに一定で，張力以上の力で引っ張ると，ずっと伸びつづけます。

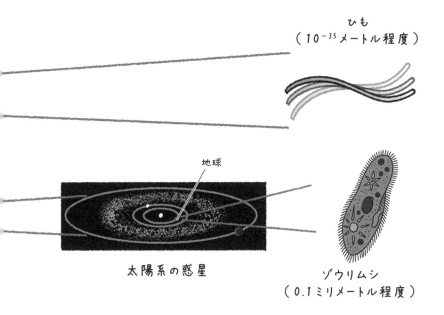

ひも
（10^{-35}メートル程度）

地球

太陽系の惑星

ゾウリムシ
（0.1ミリメートル程度）

　無限に伸びるっていうことですか!?

　いえ，ある程度伸びると切れて二つになります。
また，切れるだけではなく，くっつくこともあります。
ですから，ひもの両端がくっついて，輪ゴムのような「輪
（リング）」になることもあります。つまり，超ひも理論の
「ひも」には，開いた状態（ひも）と閉じた状態（輪）の二
つの状態があると考えられているのです。

のびる

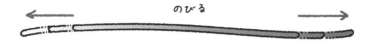

縮む

切れる

くっつく

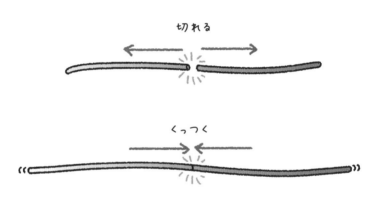

開いたひも

閉じたひも

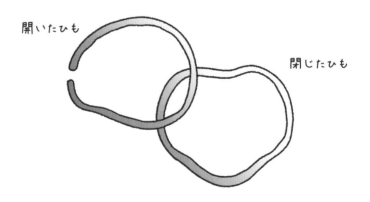

ふぅむ。

 さらに，ひもには重要な特徴があります。
それは，超高速で振動することです。
この振動は1秒間に10^{42}回以上という猛烈なものです。開いたひもの端部が動く速さは，最大で光速にも達します。

超ひも理論のひもの振動
1秒間に10^{42}回以上！

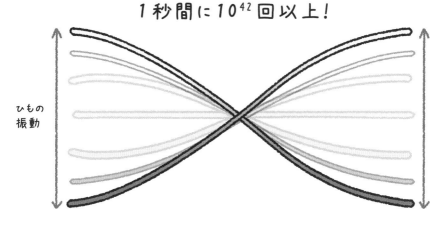

ひもの振動

 激しすぎ！

信じられないかもしれませんが，この振動が非常に重要なんです。

これまでに発見されている素粒子は，アップクォークやダウンクォーク，電子，光子など**17種類**です。どの素粒子も，超ひも理論ではその正体をひもだと考えます。

でも，ひもは**1種類**しかありません！

どういうことです？

素粒子はたくさんあるのに，ひもは1種類っておかしいじゃないですか。

いいえ，おかしくないんですよ。
実はひもの振動のしかたによって，1種類のひもがちがう種類の素粒子に見えるのだと考えられているんです。

振動のしかた？

たとえば，弦楽器の1本の弦は，その振動のしかたによって高い音や低い音など，さまざまな音を出しますよね。
それと同じように，ひもの振動のちがいが素粒子の性質のちがいとして私たちに見えている，ということです。

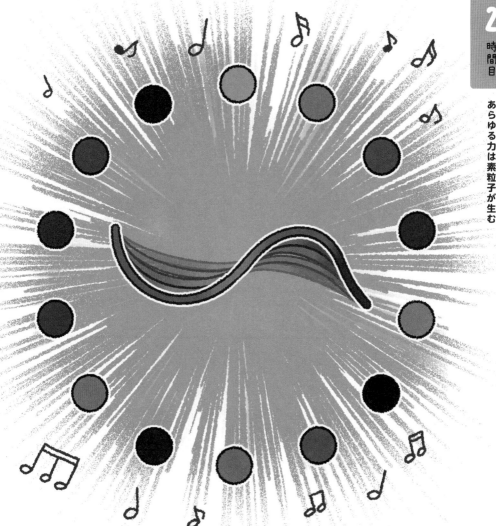

うーん，わかるような，わからないような……。

ひもは，波の山と谷がその場で上下する定常波（定在波）
をつくるように振動すると考えられています。

定常波には，振動しない「節」と，山（もしくは谷）の頂点
となる「腹」があり，節と腹の数が増えることで，振動の
しかたがちがってきます。

また，ひもが閉じているか，開いているかでも振動のしか
たがちがいます。このようなひもの振動のしかたのちがい
が，素粒子の性質のちがいとして見えているわけです。

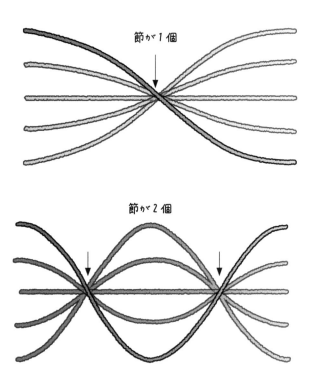

うぅーむ，それにしても，素粒子がとんでもなく小さなひもだってことは，私たちの体も，地球も，つきつめるとすべての物質がひもでできているってことですよね。

信じられない。

素粒子がひもであるという証拠はあるんですか？

残念ながら，現状では素粒子がひもだという証拠はありません。

節が 3 個

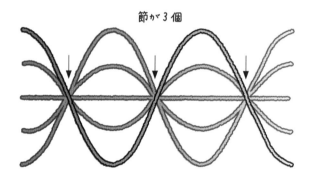

節が 4 個

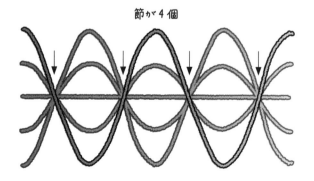

つまりは，研究途中の未完成な理論ってことですか……。

 そうです。
しかし超ひも理論は，現在の物理学上のさまざまな問題を解決にみちびく可能性を秘めている理論であることはまちがいありません。先ほど，四つの力のうち，重力は厄介であるというお話をしましたね。

 素粒子を大きさのない点だとして，ミクロな世界ではたらく重力について考えると，無限大という結果が生じて，意味のある答えが得られないんです。

 そういうお話ありましたね。
だから，標準理論には重力は含まれていないんですよね。

 そうなんです。しかし，重力を伝えると考えられる重力子を大きさのあるひもだと考えると，無限大の問題をうまく回避することができるんです。

そのため，超ひも理論こそ，四つの力の統一を実現する，**究極の理論の最有力候補**だと考えられているんですよ。

 究極の理論の最有力候補だなんて，すごいな，超ひも理論！

 超ひも理論は，まだ研究途上にある未完成の理論ですが，完成すれば，ミクロな素粒子の世界から，広大な宇宙にいたるまで，あらゆる現象の根本原理を説明できるかもしれません。「究極の理論」という人もいます。もし，そうなれば宇宙のはじまりから，終わりまでを説明できる理論となることでしょう！

物理学の巨人，南部陽一郎

南部陽一郎は，1921年に東京で生まれました。中学生のころ，湯川秀樹（1907〜1981）が世界的に注目され，物理学に興味をもちます。

29歳の若さで教授となる

1942年に東京帝国大学理学部物理学科を卒業すると，直ちに陸軍に徴兵され，レーダー研究施設などに配属されました。1945年に終戦をむかえると大学に戻りました。3年間，大学の研究室で寝泊まりし，研究に没頭していたようです。

1949年，当時新設の大阪市立大学の助教授になり，さらに翌年の1950年には，29歳の若さで教授となりました。

そして1952年，朝永振一郎（1906〜1979）のすすめで渡米します。プリンストン高等研究所勤務を経て，1954年にシカゴ大学に移籍。シカゴ大学では，1956年に助教授，さらに2年後の1958年に教授となりました。

ノーベル賞につながる論文を発表

40歳となった南部は，のちにノーベル物理学賞につながる論文を発表します。それが「対称性の自発的な破れ」に関する論文です。これは物質になぜ重さがあるのか？　という疑問に答える道筋をつけた理論です。

宇宙が誕生したばかりのきわめて高温だったころには，素粒子は質量をもっておらず，光速で宇宙を飛びかっていたと考えられています。その後，宇宙が冷えてくると質量をもつ

ようになったといわれています。このとき質量が生まれたし
くみを説明するために必要なのが，南部が提唱した「対称性
の自発的な破れ」の考え方です。2008年，この研究により
南部は，小林誠（1944〜　），益川敏英（1940〜2021）と
ともに，ノーベル物理学賞を受賞しました。

　2012年には，南部らの理論を発展させて予言された「ヒ
ッグス粒子」という素粒子が発見されました。これこそ素粒
子に質量をあたえる素粒子です。現在の素粒子物理学の基盤
となる理論「標準理論」はヒッグス粒子の存在が前提となっ
ています。そして，ヒッグス粒子の考え方は，南部の理論が
出発点となっています。つまり，現在の素粒子物理学の基礎
をきずいたのは南部の理論だといえるのです。

　南部はほかにも超ひも理論の原型となる「ハドロンのひも
モデル」を提案するなど，理論物理学の発展に多大なる影響
をあたえました。常に時代をリードする研究を行い，「物理
学の巨人」や「物理学の預言者」などとも評されました。

.

3

時間目

ヒッグス粒子から
超対称性粒子へ

万物に質量をあたえるヒッグス粒子

STEP 1

近年発見されたヒッグス粒子。この発見に，素粒子物理学の世界は大きな驚きに包まれました。ヒッグス粒子発見の経緯とともに，その性質に迫ります。

素粒子に質量をあたえる「ヒッグス粒子」を発見！

2012年，素粒子物理学の世界で，ビッグニュースが飛びこんできました。
7月4日，CERN（ヨーロッパ合同原子核研究機構）が，ヒッグス粒子を発見したと発表したんです。

ひっぐす粒子！
標準理論のときに出てきたやつですね。

はい。ヒッグス粒子は，物理学者がその存在を理論的に予言していた素粒子で，現在の素粒子物理学の基盤となる標準理論にとってなくてはならないものです。

万物に質量をあたえる素粒子

ヒッグス粒子

1964年に存在が予言されていましたが，なかなか見つけることができなかったんです。

提唱から時間がたったけど，ついに見つかったんですね。ヒッグス粒子ってたしか，素粒子の質量に関わりがある素粒子なんでしたよね。

そうです。物理学者が素粒子の質量が0でない理由を説明するために，どうしてもヒッグス粒子が必要でした。ヒッグス粒子こそ，**万物に質量をあたえる素粒子**だと考えられていたのです。

質量って，重さのことですよね？

そもそも質量とは，物体の動きづらさの度合いをあらわすものです。質量の小さなピンポン球は，小さな力でもいきおいよく動きます。しかし，質量の大きな砲丸は，大きな力をくわえないと動きません。

ヒッグス粒子が質量を生むってことですか？

そうなんです。
ヒッグス粒子は，私たちのいるこの空間に充満しています。そのため，素粒子が動こうとすると，ヒッグス粒子が邪魔をすることがあるんです。
素粒子がヒッグス粒子にぶつかって，スーッと進まずにゴツンゴツンと進むという，そういうイメージです。
こうして生じる動きづらさこそ，質量の正体だと考えられるのです。

空間を満たしているヒッグス粒子のせいで，素粒子の動きが邪魔されちゃうってことですか？

そうです。
そして，素粒子に質量があるものとないものがあるのは，ヒッグス粒子にぶつかるものと，ぶつからないものがあるから，ということになります。
このようなしくみをヒッグス機構といい，1964年にピーター・ヒッグス博士（1929〜　）によって提唱されました。

とんでもないことを考えますね。

ヒッグス粒子は，とくに電磁気力と弱い力の統一に必要だと考えられたんです。

ピーター・ヒッグス
（1929〜　）

さっき，出てきた電弱統一理論ですね！

ええ，そうです。**電磁気力と弱い力は本質的には同じものですが，力を伝える素粒子である光子とウィークボソンの質量にちがいがあるために，両者の差が生まれていると考えるのが，電弱統一理論です。**
電磁気力を伝える光子は質量をもちませんが，弱い力を伝えるウィークボソンには質量があるわけです。

ウィークボソンはたしかけっこう重いんでしたよね。

そうです。
ウィークボソンが質量をもつようになった理由を説明するために考えだされたのがヒッグス粒子です。
宇宙誕生直後，電磁気力と弱い力が分岐する前までは，ヒッグス粒子は宇宙空間に充満していませんでした。
そのため，ウィークボソンも質量がゼロで光子と区別できなかったわけです。

253

大昔には，素粒子に質量がなかったんだ。

その後，宇宙が冷える過程で，対称性が自発的にやぶれ，ヒッグス粒子が宇宙に充満しました。こうしてウィークボソンなどの素粒子が質量を獲得して，電磁気力と弱い力が別の力になったと考えられているのです。

現在の私のまわりにもヒッグス粒子が大量にあるんですか？　そんな実感まったくないんですけど。

ええ，私たちに体重があるのは，ヒッグス粒子が周囲に満ちているからですよ。
でも，私たちのまわりにある空気の存在を普段意識しないように，ヒッグス粒子もあらゆる場所に満ちているためにその存在に気づくことはできません。

ヒッグス粒子のせいで，質量がある……。
あっ！　これまたダイエットのヒントになりそう。

……。

ヒッグス粒子にぶつかる素粒子と，ぶつからない素粒子があるわけですよね。
どんな粒子がヒッグス粒子をかわせるんですか？

ぶつからない粒子としては，光子があります。

光子って電磁気力を伝える素粒子ですよね？

そうです！
電磁気力を伝える光子は，電気をもつ物の間を行き来します。しかしヒッグス粒子は，電気をもっていません。ですから，光子には，ヒッグス粒子が見えず，ヒッグス粒子を素通りするわけです。そのため光子は，質量をもちません。
このように，素粒子の種類によって，ヒッグス粒子とどれくらいぶつかるかが，きちんと決まっているのです。

なるほど。
ヒッグス粒子とぶつからないから，光子はビュンビュン飛びまわることができるわけですね。

ええ。光子は，ヒッグス粒子に邪魔されないので，自然界の最高速度である光速で進むことができます。
逆にいえば光子は真空中を光速未満で進むことはできないということになります。

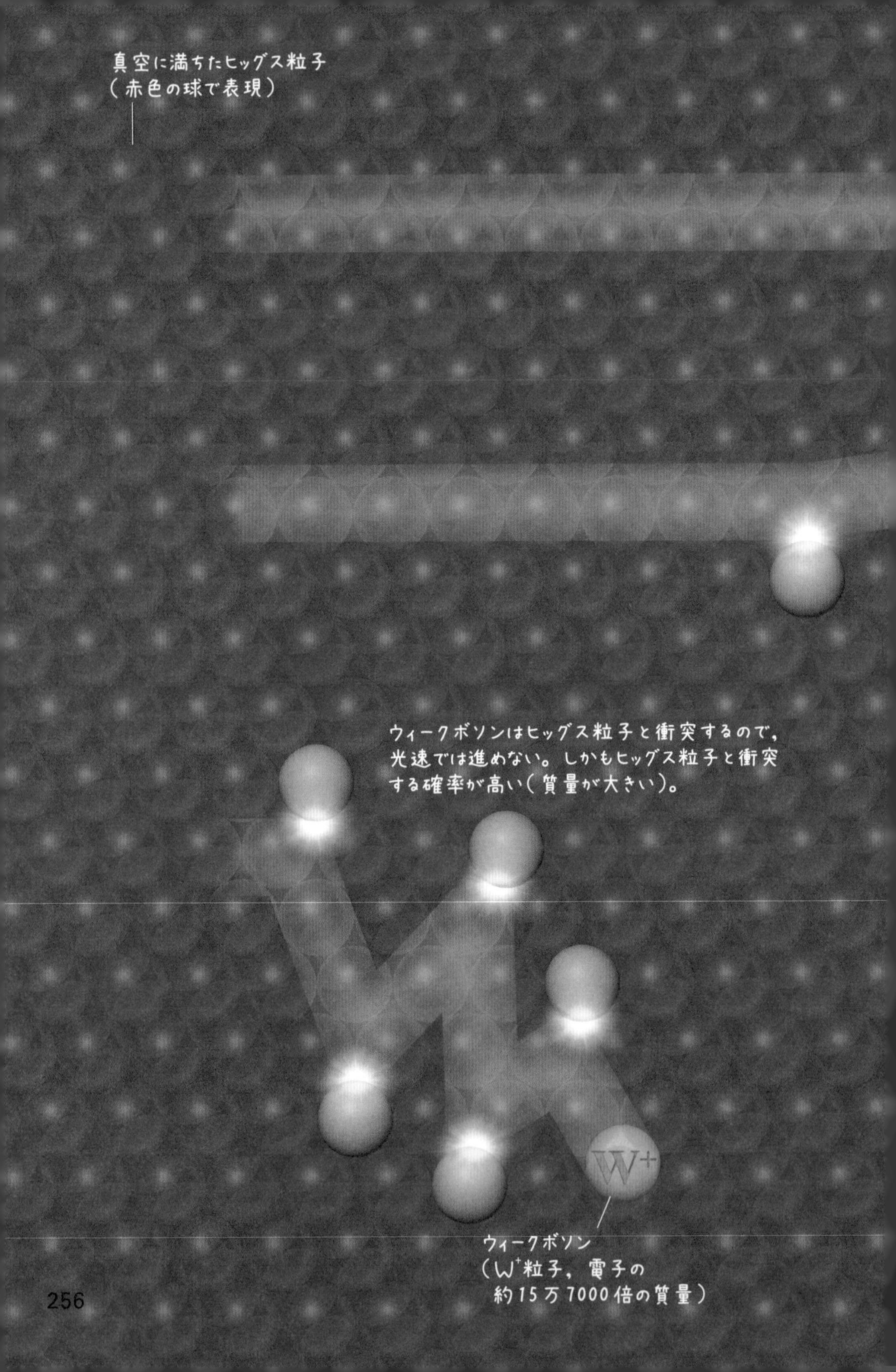

真空に満ちたヒッグス粒子
（赤色の球で表現）

ウィークボソンはヒッグス粒子と衝突するので，
光速では進めない。しかもヒッグス粒子と衝突
する確率が高い（質量が大きい）。

W⁺

ウィークボソン
（W⁺粒子，電子の
約15万7000倍の質量）

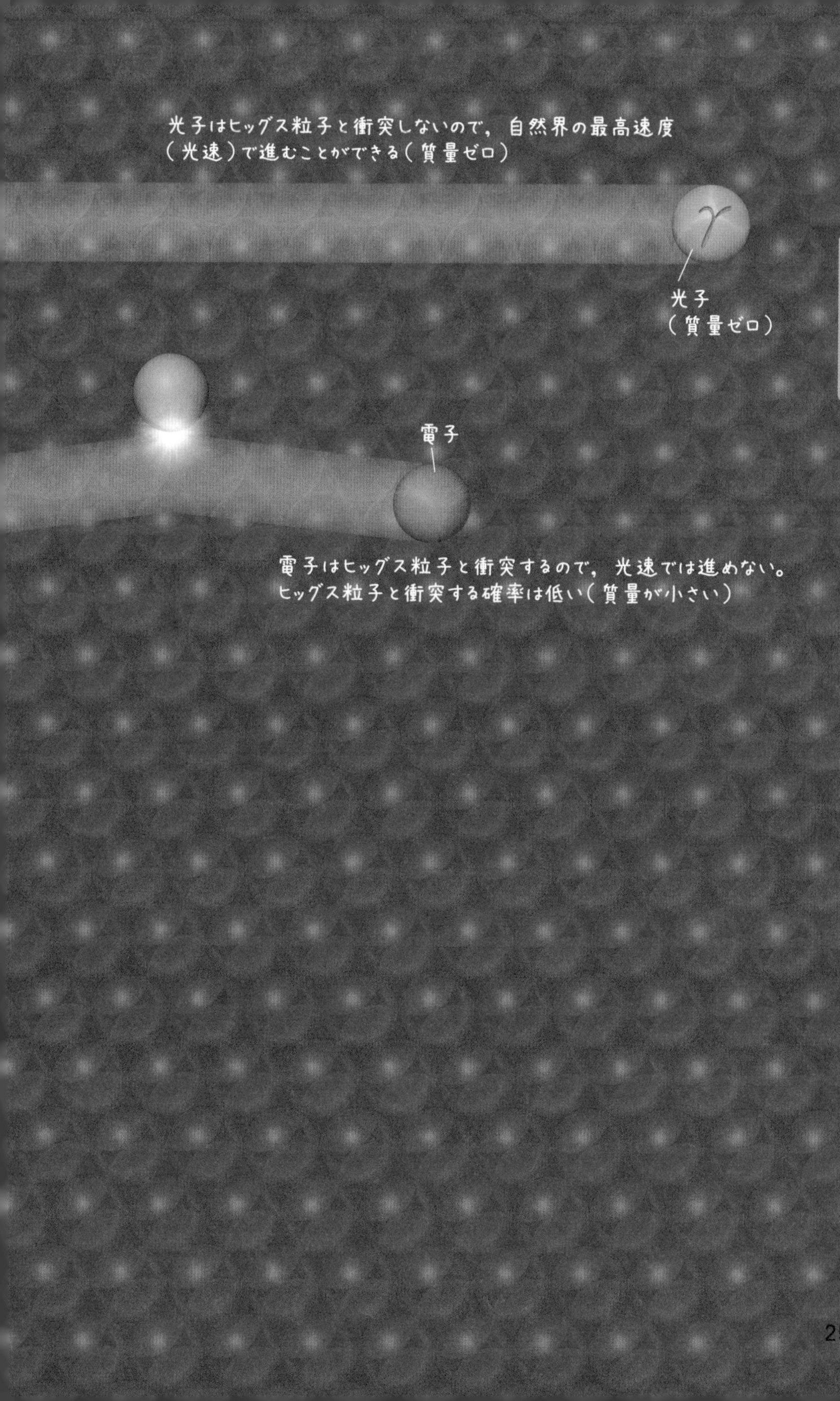

光子はヒッグス粒子と衝突しないので，自然界の最高速度
（光速）で進むことができる（質量ゼロ）

光子
（質量ゼロ）

電子

電子はヒッグス粒子と衝突するので，光速では進めない。
ヒッグス粒子と衝突する確率は低い（質量が小さい）

このように，ヒッグス粒子とぶつからない素粒子，すなわち質量をもたない素粒子は，真空中を光速で進みます。

質量をもつ素粒子は，光速では飛べないんですか？

はい，電子のように質量をもつ粒子は，ヒッグス粒子にゴツゴツぶつかるので，光速で進むことはできません。このことは私たちにとって，とても重要なんですよ。

なぜですか？

ヒッグス粒子がなければ，私たちの体をつくっている電子などの素粒子も光速で進んでしまって，その場にとどまれなくなります。
すると，原子が形を保つことができなくなり，あらゆるものがこわれてしまいます。

そ，そりゃ大変です！

物体の構造が保たれているのは，真空にヒッグス粒子が満ちているおかげだといえるでしょう。

LHCで真空からヒッグス粒子がたたきだされた

 ヒッグス粒子って空間に充満しているけど，長い間，見つけられなかったんですよね。どうやって発見したんですか？

 ヒッグス粒子は真空中に，ぎゅっと詰まっているので，1個だけ取りだすといったことは，通常できません。
でも，加速器を使って大量のエネルギーを真空につぎこむと，真空からたたきだされることがあるのです。

 ほぉ！

 加速器を使った実験によって，ヒッグス粒子を見つけたのが，CERNの巨大実験施設LHCです。

 出ましたね，LHC！

 このLHCを使って，ほぼ光速にまで加速させた陽子を正面衝突させます。その膨大な衝突のエネルギーを用いて，真空からヒッグス粒子をたたきだしたわけです。

 すげぇ！　あとは，ヒッグス粒子をつかまえるだけということですね！

 ええ，でもヒッグス粒子を直接つかまえることはできません。

真空に満ちたヒッグス粒子

衝突

ほぼ光速まで
加速された陽子

ほぼ光速まで
加速された陽子

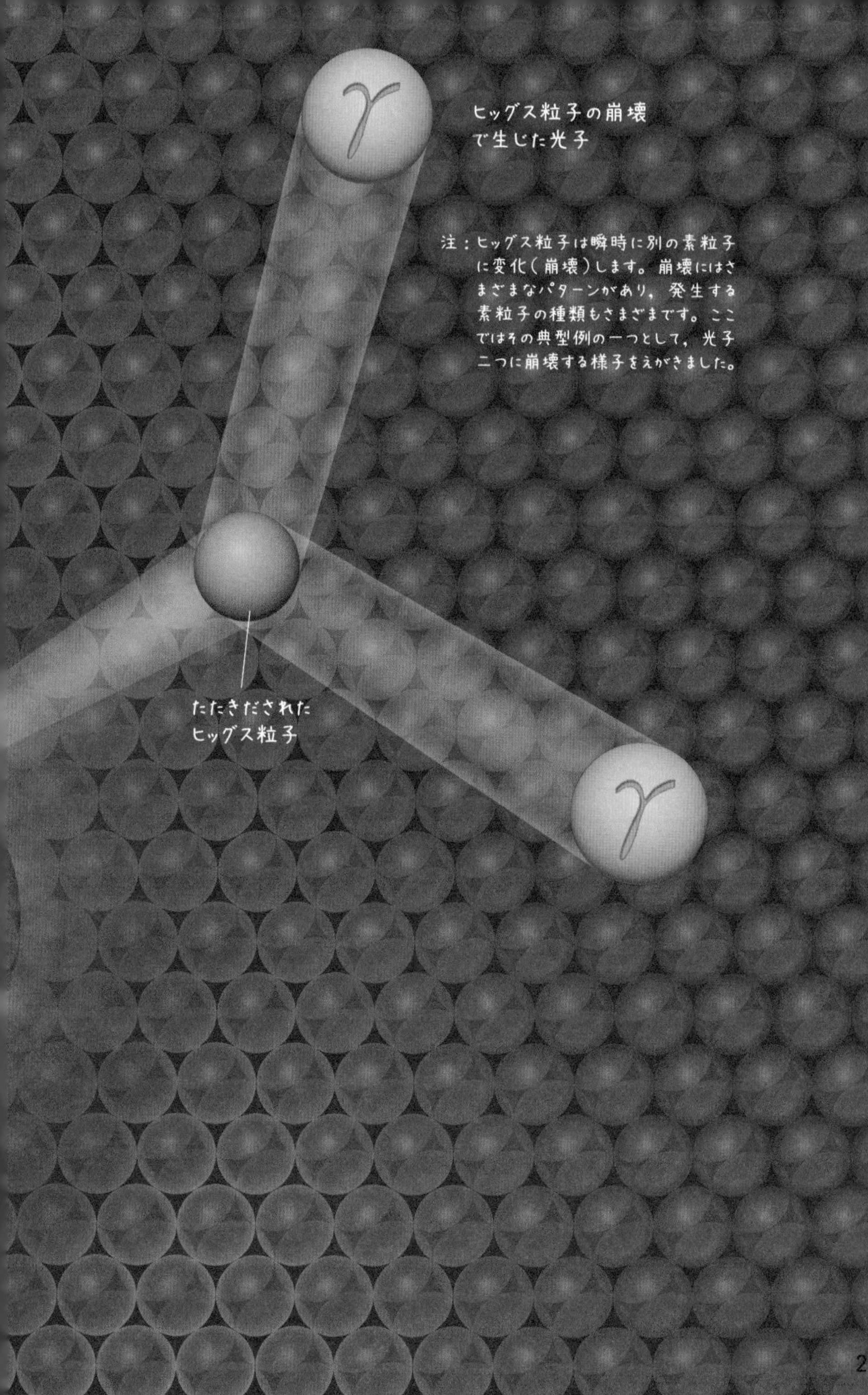

ヒッグス粒子の崩壊
で生じた光子

注：ヒッグス粒子は瞬時に別の素粒子
　　に変化（崩壊）します。崩壊にはさ
　　まざまなパターンがあり，発生する
　　素粒子の種類もさまざまです。ここ
　　ではその典型例の一つとして，光子
　　二つに崩壊する様子をえがきました。

たたきだされた
ヒッグス粒子

たたきだされたヒッグス粒子は不安定で，すぐに別の種類の素粒子に変化（崩壊）してしまうんです。
そのため実際には，2次的に発生する別の素粒子を検出・分析することで，ヒッグス粒子の生成がつきとめられたのです。

えっ，ヒッグス粒子ってすぐにこわれちゃうんですか？
もし私のまわりにあるヒッグス粒子がこわれてなくなったら，私の体がぼろぼろに崩壊する!?

いえいえ，ご安心を。
真空に満ちているヒッグス粒子は，エネルギー的に安定しているので，こわれることはありません。
不安定なのは，あくまで粒子の状態で真空から飛びだしたヒッグス粒子です。

よかったー。

真空からたたきだされるヒッグス粒子は，非常に質量の大きい（重い）粒子です。CERNが発表した実験結果の解析によると，陽子の約133倍もの重さ（125GeV程度）をもっていました。
史上最高のエネルギーを生みだせる加速器だからこそ，これまでの加速器ではつくれなかった，まだだれも見たことのない重い粒子をつくりだすことができたのです。

LHCやるな！

ただ，2012年7月のCERNの発表の段階では，「ヒッグス粒子とみられる新粒子の発見」というものでした。

まだあやふやな感じだったんですね。

ええ。2013年に，さらに多くのデータを解析した結果が発表され，この新粒子がヒッグス粒子であることが確定したのです。こうして，標準理論の**最後の1ピース**であったヒッグス粒子の存在が認められたわけです。

標準理論の最後のピース！
すごいや！

でも，幸か不幸か，これによって物理学が完成することはありません。先ほども見たように，標準理論は完璧な理論ではありません。
標準理論では説明できない現象も多く発見されています。
このような標準理論のほころびを修正したり，新理論を考えるための何らかのヒントなどが，今後の精度の高い実験でもたらされる可能性もあるのです。

ふむふむ。

ヒッグス粒子の発見は，まちがいなく物理学における大きな区切りといえます。ただし，それは物理学の完成を意味するのではなく，新たな物理学が誕生する**革命**のはじまりといえるものなのです。

なるほど！ その意味でも，ヒッグス粒子の発見は，センセーショナルな出来事だったともいえるわけですね。

 そうですね。
そのため，11月革命にならって，ヒッグス粒子の発見は，7月革命とよばれることもあるんですよ。

 # 未発見の超対称性粒子

未発見の素粒子「超対称性粒子」の存在が指摘されています。
超対称性粒子は，四つの力の統一や，謎の物質ダークマターの
正体の解明をもたらすかもしれません。

普通の素粒子のパートナー，「超対称性粒子」があるかも

いよいよこの本の最後です。
3時間目のSTEP2で紹介するのは超対称性粒子という
素粒子です。

ちょうたいしょうせい？
たしか今までに見つかっている素粒子は17種類なんです
よね。45ページの一覧を見ても，「ちょうたいしょうせい」
なんて仰々しい名前のついた素粒子はいませんけど。

超対称性粒子は，まだ見つかっていない素粒子なんです。
標準理論にもとづく素粒子一つ一つに対して，パートナ
ーとなる超対称性粒子があると考えられています。

反粒子みたいなことですか？

考え方としては反粒子に似ていますが，反粒子とはまたちがうものです。素粒子と超対称性粒子とのちがいはスピンといわれる量です。

スピン？
フィギュアスケートの技ですか？

えー，ざっくりいうと，素粒子の自転のことです。
ちょっとむずかしいかもしれませんが，スピンについてお話ししましょう。
スピンは，ミクロな世界の物理学である「量子力学」の独特な考え方にもとづくものであり，「素粒子の自転のいきおい」に相当するものだと考えてください。

267

素粒子って回転しているんですか？

 そうですよ。
1時間目に紹介した「物質を形づくる素粒子の仲間」と，2時間目に紹介した「力を伝える素粒子の仲間」のちがいは，このスピンにあります。
物質を形づくる素粒子の仲間のスピンは，2分の1という値であらわせます。つまり，半整数です。
一方，力を伝える素粒子の仲間のスピンは，整数値になるんです。

 うーむ，全然意味がわかりません！

 比喩的な表現になってしまいますが，力を伝える素粒子は，物質を形づくる素粒子の2倍，もしくは4倍，いきおいよく自転している，とイメージしてもらえればと思います。

 ふーむ。
力を伝える素粒子の方が，はげしくくるくる回っていると。

 両者のスピンのちがいは，同じ場所に複数の粒子が存在できるか否か，という性質にも影響します。
整数のスピンをもつ力を伝える素粒子は，複数の粒子が同じ場所に同時に存在できます。

素粒子（標準理論にもとづく素粒子）

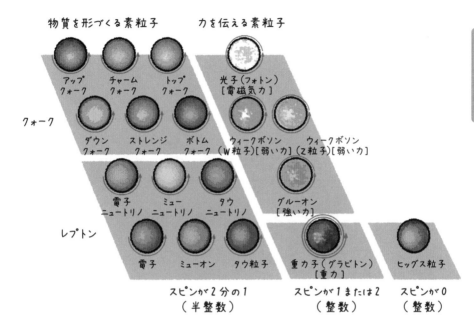

物質を形づくる素粒子　　力を伝える素粒子

クォーク

アップ　　チャーム　　トップ
クォーク　クォーク　クォーク

ダウン　　ストレンジ　ボトム
クォーク　クォーク　クォーク

光子（フォトン）
［電磁気力］

ウィークボソン　　ウィークボソン
（W粒子）［弱い力］（Z粒子）［弱い力］

レプトン

電子　　　ミュー　　　タウ
ニュートリノ　ニュートリノ　ニュートリノ

電子　　ミューオン　タウ粒子

グルーオン
［強い力］

重力子（グラビトン）
［重力］

ヒッグス粒子

スピンが2分の1
（半整数）

スピンが1または2
（整数）

スピンが0
（整数）

しかし，物質を形づくる素粒子は，同じ場所に一つの粒子しか存在できません。たとえば，ある電子がすでに存在する場所に，もう1個の電子を重ねて置くことはできないのです。

ぐぬぬぬ。むずかしい。
で，そのスピンと超対称性粒子はどういう関係があるんですか？

では，超対称性粒子の話にもどりましょう。

1時間目に登場した反粒子は，パートナーとなる普通の素粒子と帯びる電気がちがうのでしたね。

一方，超対称性粒子は，パートナーとなる普通の素粒子とスピンがことなります。

 スピンがちがう？

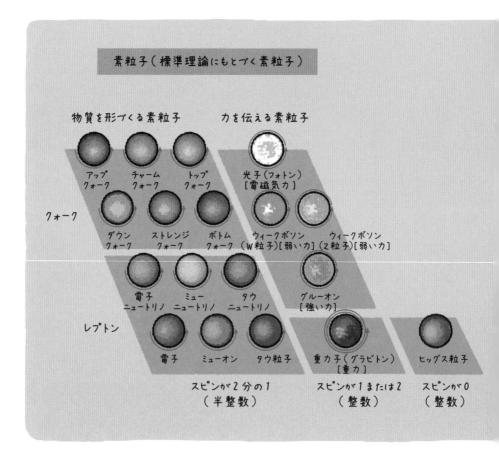

素粒子（標準理論にもとづく素粒子）

物質を形づくる素粒子　　　力を伝える素粒子

クォーク

アップ
クォーク　　チャーム
クォーク　　トップ
クォーク

光子（フォトン）
［電磁気力］

ダウン
クォーク　　ストレンジ
クォーク　　ボトム
クォーク

ウィークボソン
（W粒子）［弱い力］　　ウィークボソン
（Z粒子）［弱い力］

レプトン

電子
ニュートリノ　　ミュー
ニュートリノ　　タウ
ニュートリノ

グルーオン
［強い力］

電子　　ミューオン　　タウ粒子

重力子（グラビトン）
［重力］

ヒッグス粒子

スピンが2分の1
（半整数）

スピンが1または2
（整数）

スピンが0
（整数）

物質を構成する素粒子のパートナーとなる超対称性粒子は，スピンの値が**整数**になります。つまり，力を伝える素粒子に似ているわけですね。

一方，力を伝える素粒子のパートナーとなる超対称性粒子は，スピンの値が**半整数**になります。こちらは，物質を形づくる素粒子と似ていることになります。

なんだか，スピンの値が入れ変わったみたいですね。

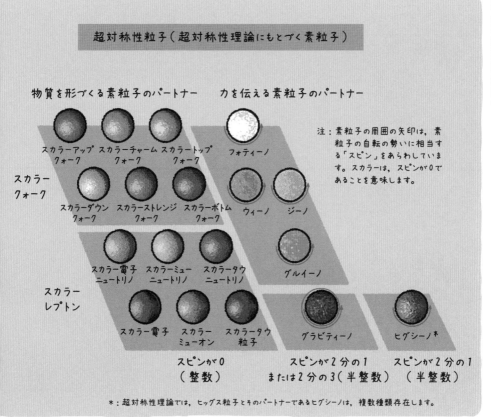

超対称性粒子（超対称性理論にもとづく素粒子）

物質を形づくる素粒子のパートナー　　　力を伝える素粒子のパートナー

スカラーアップ　スカラーチャーム　スカラートップ
クォーク　　　　クォーク　　　　　クォーク

フォティーノ

注：素粒子の周囲の矢印は，素粒子の自転の勢いに相当する「スピン」をあらわしています。スカラーは，スピンが0であることを意味します。

スカラークォーク

スカラーダウン　スカラーストレンジ　スカラーボトム
クォーク　　　　クォーク　　　　　　クォーク

ウィーノ　　　ジーノ

スカラー電子　スカラーミュー　スカラータウ
ニュートリノ　ニュートリノ　ニュートリノ

グルイーノ

スカラーレプトン

スカラー電子　スカラー　　スカラータウ
　　　　　　　ミューオン　　粒子

グラビティーノ

ヒグシーノ*

スピンが0
（整数）

スピンが2分の1
または2分の3（半整数）

スピンが2分の1
（半整数）

＊：超対称性理論では，ヒッグス粒子とそのパートナーであるヒグシーノは，複数種類存在します。

まさにそうなんです。
超対称性粒子は，既知の「物質を形づくる素粒子の仲間」と「力を伝える素粒子の仲間」の特徴を入れ替えた粒子，ということなんです！

ほぉ！

たとえば，力を伝える素粒子である光子には，そのパートナーとして，「光子に似ているが，物質を形づくる素粒子の特徴をもつ粒子」が存在することになります。
この光子のパートナーをフォティーノといいます。

ふぉてぃーの……，なんかエレガントな名前ですね。
光子のほかにも，すべての素粒子に超対称性粒子の相手がいるんですか？

そうですよ。
超対称性粒子が存在すれば，物質を形づくる素粒子と，力を伝える素粒子を同じようなものとして取りあつかえることになります。つまり，力と物質を統一する可能性を秘めているのです。

そもそも超対称性粒子は，なぜ必要なんですか？

まず，2時間目で超ひも理論について紹介しましたよね。
この頭についている超は，超対称性粒子の超なんです。

えーっ！
すごいひもの理論って意味じゃないんですか!?

はい，ちがいます。
素粒子を**ひも**だと考えるアイデアは，1970年ごろに南部陽一郎博士（1921〜2015）らによって考えだされました。そして，このひも理論は，超対称性粒子の存在を取り入れることによって，1970年代に進化しました。そうやってできたのが，**超ひも理論**です。

南部 陽一郎

従来のひも理論は，力を伝える素粒子の仲間しかあつかえない理論でしたが，超対称性の考え方を導入したことで，物質を形づくる素粒子もあつかえるようになったんです。

じゃあ超対称性粒子が存在しないと，超ひも理論はうまくいかないんですか？

そうなんです。
超ひも理論で力を統一するためには，超対称性粒子はなくてはならないものなんです。
また，電磁気力と弱い力と強い力を統一する**大統一理論**のためにも，超対称性粒子があった方が都合がよさそうだと考えられています。

三つの力の統一にも超対称性粒子が存在しないといけないってことですか？

大統一理論は，超対称性粒子がなければだめ，というわけではないですが，超対称性粒子があると，理論が自然に見えると考えられています。
少しむずかしいかもしれませんが，右のページのグラフを見てください。これは，電磁気力，弱い力，強い力のそれぞれの大きさをいろんなエネルギーのもとで計算したものです。
グラフの左端が実際の観測値で，右に行くほど高エネルギー状態になります。
また，グラフは下にいくほど，力が大きいことを示しています。

このグラフから何がわかるんですか？

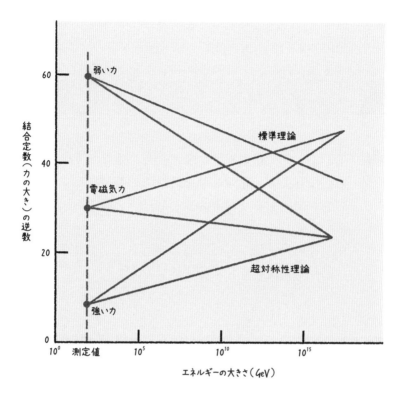

結合定数（力の大きさ）の逆数

弱い力

60

標準理論

40

電磁気力

20

超対称性理論

強い力

0

10^0　測定値　10^5　　　10^{10}　　　10^{15}

エネルギーの大きさ（GeV）

　まず，標準理論にもとづいて計算したのが，グレーのグラフです。エネルギーが大きくなっても，三つの力の大きさが一致することはありませんね。

　は，はい。

　次に赤いグラフを見てください。これは，超対称性粒子の存在を予言する超対称性理論にもとづいた計算をおこなった結果です。

275

超対称性理論にもとづくと，高エネルギー下では，三つの力の大きさが一致することになるんです！
つまり，力を統一できるかもしれないんです。

なるほど！

このように，超対称性粒子を発見することが力の大統一の鍵となります。超対称性は時空の対称性でもあるため，重力をも統一する超対称大統一理論へと導くものと考えられています。
超対称性粒子は，その理論の美しさとともに素粒子物理学にとって大変期待される粒子なのです。

現在の素粒子物理学をゆるがす謎の存在，ダークマター

超対称性粒子が存在したら，現在の標準理論では説明できない，正体不明のある物質について説明ができるようになるかもしれません。

正体不明!?
どんな物質なんですか？

それが**ダークマター**です。**暗黒物質**ともいいます。
ダークマターは光を発することも吸収することもありません。目には見えないけど，宇宙に大量にある物質，それがダークマターです。

目には見えないけど，そこにはある……。
まるで幽霊みたいな物質ですね。光以外にも電波とか赤外線とかいろんな方法があると思うんですけど，それでもダークマターはひっかからないんですか？

ええ，ここでいう光とは，目に見える可視光線だけではありません。今おっしゃった電波や赤外線，そして紫外線やX線，ガンマ線など，光の仲間であるあらゆる電磁波を指します。**つまりダークマターは，電磁波では観測不可能なのです。**

だめか〜。ってか，どんな観測方法でもひっかからないなら，そもそもダークマターなんて気のせいで，本当は存在しないんじゃないでしょうか？

いえ。ダークマターの正体は不明ですが，確実に存在すると多くの研究者が考えています。

観測できなくて，正体もわからないのに，そんなことなぜ
わかるんですか？

それは，ダークマターには**重力**があるからです。
ダークマターの存在を考えないと，銀河の動きなどが説明
できないんです。

重力？
銀河の動き？
どういうことですか？

たとえば地球は，時速約10万7000キロメートルで太陽系
内を突っ走っていますが，それでも地球は太陽系を飛びだ
していきません。
これは，太陽の重力で引っ張られているからです。

それくらい，私でもわかりますよ〜。
月が飛んでいかないのも，地球が月を引っ張っているから
ですよね？

その通りです。
では，もう少し大きなスケールで考えてみましょう。
この宇宙には**銀河団**という多数の銀河の集団があります。
銀河団では，個々の銀河はかなりの速度で動いていること
が知られていますが，集団としてまとまっています。

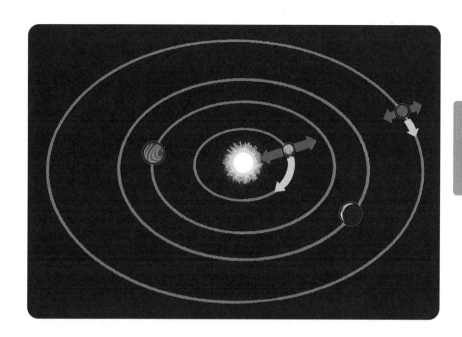

 これもやっぱり，銀河どうしの重力で集まっているからってことですよね？

 実は，銀河団の場合，すべての銀河や銀河の間をただようガスなど，電磁波で観測できるすべての物質の重力を足し合わせても，銀河をつなぎとめておくにはぜんぜん足りないんです。

 え!?　じゃあ，銀河団はちりぢりになってないとおかしいってことですか？

そうなんです。
しかし実際には多数の銀河が銀河団としてまとまっています。**つまり，見えない物質が大量に存在し，それらの重力によって個々の銀河は銀河団につなぎ止められているようなのです。**

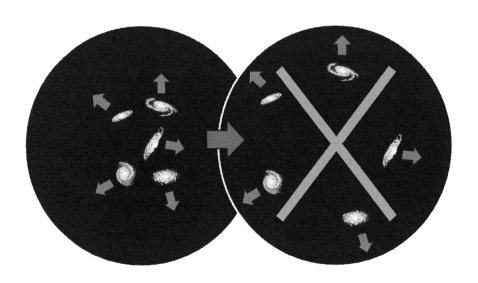

このことは1930年代に，天文学者，**フリッツ・ツビッキー**（1898 ～ 1974）によって指摘されていました。

そんな昔から……。
その見えない物質が，ダークマターってことですか？

その通りです！
そのほかにもダークマターの存在を示唆する天文観測結果は数多くあります。宇宙には，私たちが知っている普通の物質の**5倍以上**ものダークマターが存在していると見積もられているんです。

どっひゃー，5倍以上だなんて，普通の物質よりもはるかに多いじゃないですか！

そうなんです。
そして，このダークマターの正体は，未発見の粒子だと考えられており，その候補の一つが超対称性粒子なんです。

ダークマターは普通の素粒子ではない

ダークマターが存在するといわれはじめたころは，その正体はまったくわかっていませんでした。
それから長い間，ダークマターの正体を突き止めるために，さまざまな観測が行われてきました。積み重ねられたこれらの観測結果によって，いくつものダークマター候補が脱落していきました。

まだダークマターの正体にはたどりつけていないんですね。

それでも天文学者は，ダークマターの正体に少しずつ，近づいていきました。
そして，現在では，ダークマターであるために**必要な条件**がいくつか明らかになってきました。

どんな条件ですか？

まず一つは，ダークマターは原子やほかのダークマターなど，どんな物ともほとんどぶつかりません。ぶつからないということは，電気を帯びていないということです。

電気的に中性の物質ってことですね！

ええ。

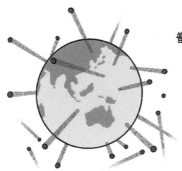

普通の物質をすり抜ける

 二つ目の条件として，ダークマターはどんな種類の望遠鏡でも見えません。このためダークマターは，どんな種類の光（電磁波）も発しないと考えられています。

見えない
（電磁波を出さない）

だからなかなか正体がわからないんですね。

三つ目の重要な条件が，宇宙初期にほぼ速度ゼロだった，動きの遅い"冷たい粒子"であるということです。ダークマターが冷たくなかったら，現在のような宇宙の姿はなかったということが，シミュレーションからわかっています。

へー，冷たい粒子ですか。

そして四つ目，宇宙に占めるダークマターの総質量は非常に大きいということです。先ほどお話ししましたが，見える物質の約5倍は，宇宙に存在しているようなのです。

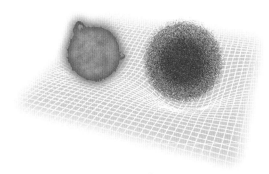

質量をもつ
（宇宙全体での合計質量は，
　普通の物質の5〜6倍）

ダークマターのための条件っていろいろ見つかっているんですね。

ええ，これらの条件を満たす物質が，ダークマターになりうると考えられています。

しかし素粒子物理学の標準理論に登場する素粒子や，それらで形づくられた物質は，ダークマターの条件を満たしません。

そのため，ダークマターの謎の解明は，標準理論をこえる新たな理論の構築につながると考えられています。

それで，標準理論には含まれていない，超対称性粒子が候補にあげられるわけですね。

そうです。

誕生直後の宇宙は高温・高密度で，物質をつくっている素粒子はそこで誕生しました。

それと同時に，**反粒子**や**超対称性粒子**も大量につくられたと考えられています。反粒子はその後，消滅してしまいましたが，超対称性粒子の一部は，今も宇宙に残っているはずだと考えられています。

大昔に生まれた超対称性粒子が今もそのまま残っているんですね。

いえ，宇宙誕生直後に存在した重い超対称性粒子はこわれて（崩壊して），より軽い超対称性粒子に変わったと考えられています。

その結果，今も宇宙に残っている可能性があるのは，超対称性粒子の中でも軽く，電荷をもたないものです。

軽くて電荷をもたない超対称性粒子ってどういうものがあるんですか？

 これら軽くて電荷をもたない超対称粒子は**ニュートラリーノ**とよばれています。そしてこのニュートラリーノが，ダークマターではないかと考えられているのです。

ニュートラリーノ

フォティーノ　　　　ジーノ　　　　ヒグシーノ

LHCなら，超対称性粒子をつくれるかも

 超対称性粒子は，超ひも理論に必要で，さらにダークマターの候補かもしれない，と。素粒子物理学にとって，ものすごい重要な粒子なんですよね。どうにか見つけることはできないんでしょうか？

 超対称性粒子はまだ見つかっていませんが，巨大加速器LHCを使って，超対称性粒子を実際につくりだしてしまおうという動きがあります。加速器は素粒子をつくりだすことができるので，だったら超対称性粒子だってつくれるはずだと考えられているわけです。

 すごいですね。
やっぱり，粒子を衝突させる実験ですか？

そうです。
LHCで陽子と陽子を衝突させると，クォークやグルーオンの超対称性粒子が発生する場合があると考えられているんです。

ダークマターの候補だっていう，ニュートラリーノはつくれないんですか？

加速器の実験でクォークやグルーオンの超対称性粒子が誕生すると，瞬時に別の素粒子に崩壊して，さまざまな素粒子を発生させます。

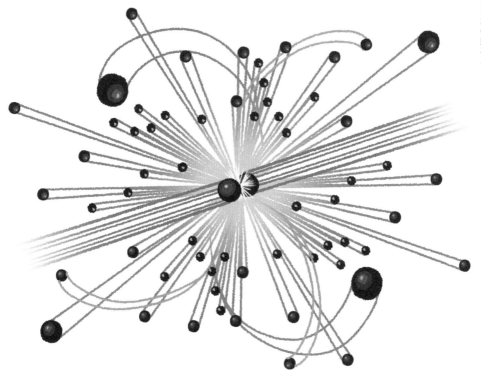

その中には，ダークマターの有力候補である超対称性粒子ニュートラリーノも含まれている可能性がありますよ。

おー！　じゃあ，そのニュートラリーノを検出すればOKってことですね！

残念ですが，ニュートラリーノは物質ときわめて反応しにくいので，検出器にはかかりません。

ニュートラリーノって検出できないんですか!?
それじゃあ，意味ないじゃないですか！

ご安心を。
直接検出することはできなくても，同時に発生するいろんな素粒子を検出して分析すれば，「検出器をすり抜けた何かがあったはず」ということを知ることは可能です。

どういうことですか？

ニュートラリーノが発生すると，エネルギーや運動量（運動のいきおいに相当する量。質量×速度）をもちだすため，そこからニュートラリーノの存在を間接的に知ることができるんです。模式的に説明しましょう。

お願いします。

次のイラストを見てください。陽子どうしが同じ速さで正面衝突し，その反応で粒子A～Cが発生したとします。

それぞれの粒子の運動量の向きと大きさを矢印であらわしています。

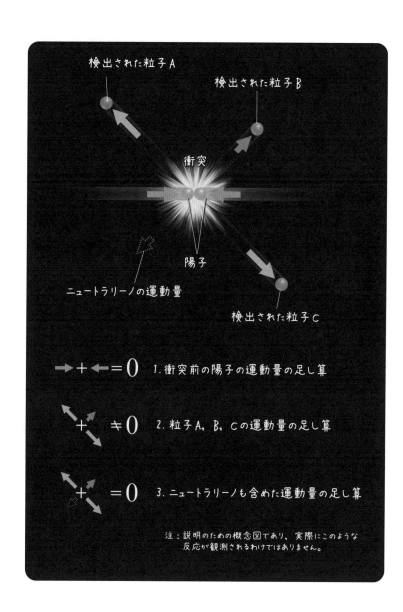

検出された粒子A

検出された粒子B

衝突

陽子

ニュートラリーノの運動量

検出された粒子C

→ + ← = 0　1. 衝突前の陽子の運動量の足し算

↗↙ + ↗↙ ≠ 0　2. 粒子A, B, Cの運動量の足し算

↗↙ + ↗↙ = 0　3. ニュートラリーノも含めた運動量の足し算

注：説明のための概念図であり、実際にこのような
反応が観測されるわけではありません。

反応前，二つの陽子の運動量は逆向きで大きさが等しいので，矢印の足し算をすると合計はゼロ（矢印が打ち消し合う）になります（1）。
運動量は反応の前後で必ず一定になるという，物理学の重要な決まりがあります。これを**運動量保存則**といいます。

ということは，反応後に発生した粒子の運動量を足し合わせると，ゼロになるはずだということでしょうか？

ええ，まさにその通りです。
反応後の粒子Ａ～Ｃの運動量も合計するとゼロになるはずです。
しかし測定の結果，もし粒子Ａ～Ｃの運動量の合計がゼロにならなかったとすると（2），何らかの粒子が検出器をすり抜け，運動量の不足分を"もちだした"と推定できるわけです（3）。

なるほど！
全部の結果を足し合わせて，それでも"足りないもの"を見つけるってわけですね！

そういうことです。
これまでのところ，LHCの実験で超対称性粒子が見つかったという発表はありません。しかし，超対称性粒子が本当に存在するなら，LHCで見つかる可能性はあるはずです。

やっぱりLHCって，ものすごい装置なんですね。

そうですよ。
2012年にヒッグス粒子を発見して世界を驚かせたLHC
は，当時よりも高いエネルギーで実験が行われています。
陽子の衝突エネルギーが高くなれば，今までよりももっと
質量の大きな粒子を生みだしやすくなります。ニュートラ
リーノは，陽子の約1000倍もの質量をもつと考えられて
いるので，大きなエネルギーが必要になるんです。

だとすれば，いつか「ダークマターの粒子発見！」なんてニ
ュースが世界を駆けめぐる日が来るかもしれませんね！

物理学の未来を切り拓く次世代加速器「ILC」

今，国際リニアコライダー（ILC）という次世代の
加速器を建設する計画が，アジア，ヨーロッパ，アメリ
カの研究者による国際共同研究チームによって進められて
います。
**ILCが完成すれば，LHCよりも精密な実験が可能になり，
超対称性粒子などの素性をあばくことができるかもしれ
ません。**

LHCよりもすごい加速器ですか!?
どんな加速器ですか？

ILCは**全長約30キロメートル**にもなる直線状の加速
器です。日本の東北地方の北上山地も建設候補地にあがっ
ていますが，まだ建設地は決まっていません。

へー，日本も建設候補地の一つなんですね。
それにしても，全長30キロってはんぱない。端から端までがちょうど，ハーフマラソンとフルマラソンの中間くらいですね。
LHCも十分すごいのに，ILCは何がちがうんでしょうか？

 LHCの実験で衝突させるのは**陽子どうし**です。これによって，ヒッグス粒子をはじめとしたたくさんの新粒子を発見してきました。
しかし，陽子は，それ自身が素粒子ではなく，**素粒子の複合体**です。
そのため，衝突させたときにおきる反応が複雑で，どうしても精密さに限界があるんです。

陽子

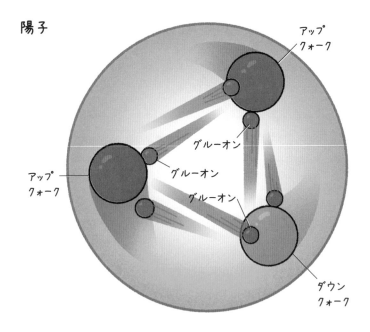

アップクォーク

グルーオン

グルーオン

アップクォーク

グルーオン

ダウンクォーク

じゃあ，ILC では何を衝突させるんですか？

ILC は素粒子である電子と反電子を加速して衝突させます。**観測の邪魔になる粒子が LHC よりも発生しにくく，より精密で詳細な観測ができるはずなんです。**
ヒッグス粒子や超対称性粒子の正体について，より厳密に答えを出してくれるでしょう。

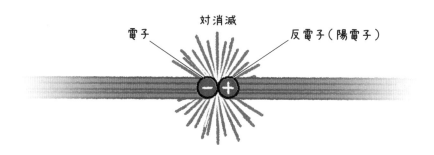

対消滅

電子

反電子（陽電子）

反電子って，反粒子ってことですか？

そうですよ。
電子と反電子は，最終的に光速の 99.9999999999％ まで加速されて衝突します。

9多すぎ！
とにかくILCは陽子ではなく，素粒子自体を衝突させることが大きな強みなんですね。
でも，なぜLHCでは陽子どうしの衝突なのに，ILCでは素粒子どうしの衝突が可能なんでしょうか？

カギとなるのは，**加速器の形**です。

形？

LHCは，36ページでも紹介したように，**円形**をしています。一方，ILCは**直線状**をしているんです。

直線状だったら何がいいんですか？

LHCのような円形は陽子を加速させるのには向いています。しかし，電子や反電子を加速しようとしても，カーブさせるときにエネルギーが多く失われるので，十分に加速できないという問題があるんです。
そこで，ILCです。ILCは直線状に加速させることで，十分な速度で電子と反電子を衝突させることが可能になるんです。

まっすぐ飛ばすってことが大事なんですね。

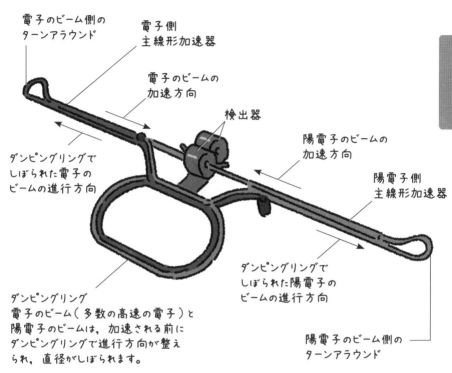

電子のビーム側の
ターンアラウンド

電子側
主線形加速器

電子のビームの
加速方向

検出器

陽電子のビームの
加速方向

陽電子側
主線形加速器

ダンピングリングで
しぼられた電子の
ビームの進行方向

ダンピングリングで
しぼられた陽電子の
ビームの進行方向

ダンピングリング
電子のビーム（多数の高速の電子）と
陽電子のビームは，加速される前に
ダンピングリングで進行方向が整え
られ，直径がしぼられます。

陽電子のビーム側の
ターンアラウンド

そうです。
もし超対称性粒子が見つかったとすると，ILCでその一つ
一つの質量を正確にはかることができるはずです。超対称
性粒子の質量は，大統一理論の正しさを証明する一つのカ
ギになっているんです。

力の統一においても，ILCが活躍しそうなんですね！

2012年7月までは，ヒッグス粒子が見つかるかどうかが素粒子物理学の最大の焦点でした。
ヒッグス粒子が発見された今，力の統一のカギをにぎる超対称性粒子の発見が，素粒子物理学の新たな大目標の一つになっているといえるでしょう。

超対称性粒子，早く見つかるといいですね！

そうですね。
さらにCERNのLEPやLHCの加速器実験などによる標準理論の確立により，これまでの光や電磁波による天文学ではなく，素粒子を媒体に用いた新たな宇宙探索も見逃せません。
加速器ではつくれないほどの超高エネルギーの光子やニュートリノの望遠鏡で，銀河中心や銀河ハローに分布している重い超対称性粒子を発見解明しようとする計画も考えられています。

加速器で超対称性粒子をつくるのではなく，宇宙にある超対称性粒子を探す計画もあるんですね！

はい。
銀河中心に集まっているダークマターの超対称性粒子が対消滅すると，光子やニュートリノが生成されると考えられています。そのような光子やニュートリノを観測するんです。

なるほど。

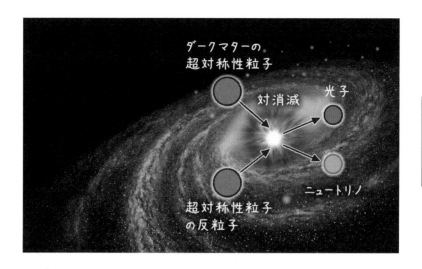

 これからは，加速器と素粒子望遠鏡とのコラボレーションで素粒子物理が発展するように思えます。

 今後の研究の進展が楽しみです！

 未発見の超対称性粒子まで紹介したところでこの本はおしまいです。
最前線の研究者たちが，さまざまな謎に挑んでいることがわかりましたか？

 素粒子物理学は，多くの謎が残されている，とてもホットな学問なんですね。
そもそも私たちのまわりや，この世界を形づくっているものが素粒子だったなんて，意識して生きていませんでした。
目に見えない世界にものすごく興味がわきました！
先生ありがとうございました。

索引

索
引

やさしくわかる！
文系のための
東大の先生が教える

銀河宇宙

2023年5月上旬発売予定　A5判・304ページ　本体1650円（税込）

「天の川」と聞くと，織姫と彦星で有名な七夕伝説を思い浮かべる人が多いのではないでしょうか。

ところが実際は，私たちの銀河は，無数の星が集まった薄い円盤状の形をしていると考えられていて，その薄い円盤を，内側からぐるりと眺めたものが天の川の本当の姿なのです。つまり，天の川は川というより，ドーナツ型の流れるプールのようなものなのです。しかも，夜空にはそんな「流れるプール」が無数に存在しており，それらは衝突を繰り返して合体し，数十億年後の未来には巨大な一つの流れるプールになるというのです！

本書では，銀河の姿や銀河を形成する星々，銀河の未来についてなど，生徒と先生の対話を通してやさしく解説します。本書を通して，知っているようで知らない銀河の世界に触れてみてください。お楽しみに！

主な内容

私たちが暮らす天の川銀河

太陽系は天の川銀河の中にある
天の川銀河の姿を見てみよう

天の川銀河をつくる天体たち

天の川銀河の中で輝く無数の星たち
銀河にひそむブラックホール

天の川銀河だけじゃない！
さまざまな銀河

さまざまな形をした銀河

銀河の衝突と大規模構造

天の川銀河とアンドロメダ銀河の大衝突
無数の銀河がつくる大規模構造

Staff

Editorial Management	中村真哉
Editorial Staff	井上達彦
Cover Design	田久保純子
Writer	小林直樹

Illustration

表紙カバー	松井久美	73~74	松井久美	153	羽田野乃花	241	松井久美
表紙	松井久美	76	Newton Press	156~157	Newton Press	242~243	羽田野乃花
先生と生徒	松井久美	79~80	羽田野乃花	158	羽田野乃花	244	松井久美
4	松井久美	80	羽田野乃花, 松井久美	159	羽田野乃花, 松井久美	245	羽田野乃花
5	羽田野乃花	82	羽田野乃花	160	松井久美	247~249	松井久美
6	松井久美, 羽田野乃花	84	松井久美	162	羽田野乃花	250	羽田野乃花
7~9	松井久美	86~87	羽田野乃花	163~167	松井久美	251~253	松井久美
10	羽田野乃花	88	松井久美	168	Newton Press	256~261	Newton Press
11~22	松井久美	89~90	羽田野乃花	169~177	松井久美	265~267	松井久美
24~25	羽田野乃花	92	Newton Press	178~179	Newton Press	269~271	羽田野乃花
26	Newton Press	93	松井久美	181~182	佐藤蘭名	273~279	松井久美
27~32	松井久美	94~96	羽田野乃花	185~191	松井久美	280	羽田野乃花
36~37	Newton Press	97~99	松井久美	192	羽田野乃花	281	松井久美
39	羽田野乃花	100~103	羽田野乃花	194~196	松井久美	283~287	羽田野乃花
41	松井久美	104~109	Newton Press	199	羽田野乃花	289	Newton Press
44~48	羽田野乃花	110	松井久美	200	松井久美	292	松井久美
49	松井久美	111	Newton Press	203~206	羽田野乃花	293~295	羽田野乃花
51~54	羽田野乃花	114~116	松井久美	215~225	松井久美	297	松井久美, Newton Press
55~59	松井久美	118~127	Newton Press	226~227	Newton Press	298~299	羽田野乃花, 松井久美
61	羽田野乃花	135	羽田野乃花	229	松井久美	300~301	羽田野乃花
62	Newton Press	137	松井久美	230~231	羽田野乃花	302~303	羽田野乃花, Newton Press
63	羽田野乃花	140~141	Newton Press	232	松井久美		
64~66	松井久美	143~145	松井久美	233	羽田野乃花		
68	羽田野乃花	147	松井久美	234~235	松井久美		
69~70	松井久美	148	羽田野乃花	236	羽田野乃花, 松井久美		
71	羽田野乃花	149~151	松井久美	238~240	羽田野乃花		

監修（敬称略）：
佐々木真人（東京大学准教授）

やさしくわかる！
文系のための 東大の先生が教える

素粒子

2023年4月25日発行

発行人	高森康雄
編集人	中村真哉
発行所	株式会社 ニュートンプレス　〒112-0012 東京都文京区大塚3-11-6
	https://www.newtonpress.co.jp/

© Newton Press 2023　Printed in Japan
ISBN978-4-315-52687-5